西安交通大学 | **实验实践类与创新创业类系列教材**

电子线路设计训练 实验教程

主编 刘美兰

编者 刘瑞玲 刘 源 王 莹 景 洲

西安交通大学出版社
XI'AN JIAOTONG UNIVERSITY PRESS

内 容 提 要

本实验教程以正弦波发生器电路、80C51 和 C8051F020 单片机控制系统为主线,分两大部分详细介绍单片机控制系统结构、工作原理及开发工具的使用。第一部分首先以正弦波发生器电路为例,介绍了如何利用 Altium Designer 设计并绘制电子线路系统原理图和印制电路板(PCB)设计图,并利用 Proteus 对设计的电子线路系统进行仿真调试;其次以 80C51 单片机控制系统为例,介绍了如何利用 Keil C51 进行编程并与 Proteus 进行仿真联调,完成对单片机控制系统的设计与调试。第二部分主要介绍基于 C8051F020 单片机的智能控制系统的硬件设计与软件实现,重点训练了基于 C8051F020 单片机的频率检测系统、模拟直升机垂直升降控制系统以及温度控制系统的设计与实现。

本实验教程可作为自动化、电气工程及自动化、电子信息等专业的本科生实验用书,也可以作为从事单片机系统设计与应用的工程技术人员的参考资料。

图书在版编目(CIP)数据

电子线路设计训练实验教程 / 刘美兰主编. — 西安 :
西安交通大学出版社,2022.12
ISBN 978 - 7 - 5693 - 2757 - 1

Ⅰ. ①电… Ⅱ. ①刘… Ⅲ. ①电子线路—电路设计—
教材 Ⅳ. ①TN702

中国版本图书馆 CIP 数据核字(2022)第 159686 号

书　　名	电子线路设计训练实验教程
	DIANZI XIANLU SHEJI XUNLIAN SHIYAN JIAOCHENG
主　　编	刘美兰
编　　者	刘瑞玲　刘　源　王　莹　景　洲
责任编辑	刘雅洁
责任校对	王　娜
封面设计	伍　胜
出版发行	西安交通大学出版社
	(西安市兴庆南路 1 号　邮政编码 710048)
网　　址	http://www.xjtupress.com
电　　话	(029)82668357　82667874(市场营销中心)
	(029)82668315(总编办)
传　　真	(029)82668280
印　　刷	西安日报社印务中心
开　　本	787 mm×1092 mm　1/16　印张　6.875　字数　151 千字
版次印次	2022 年 12 月第 1 版　　2022 年 12 月第 1 次印刷
书　　号	ISBN 978 - 7 - 5693 - 2757 - 1
定　　价	19.0 元

如发现印装质量问题,请与本社市场营销中心联系。
订购热线:(029)82665248　(029)82667874
投稿热线:(029)82664954
读者信箱:85780210@qq.com

前　言

　　随着科技的飞速发展，国家对高校培养人才的创新意识和工程实践能力提出了更高的要求，培养创新型工程技术人才成为高校的重要培养目标。创新不是无土栽培，不能无根生长，创新能力需要在不断实践中激发和培养。电子线路设计是各种应用系统设计的核心，涉及微控制器应用技术、模拟电子技术、数字电子技术、测控技术、C 语言程序设计、自动控制等多门学科。电子线路设计能力在很大程度上体现了学生的工程实践能力和创新设计能力，电子线路设计能力的培养成为学生实践能力和创新能力培养的重要切入点和抓手。本实验教程从简单波形发生器电路设计和仿真开始训练，逐步过渡到单片机应用系统设计与实现，让学生系统地体验完成一个产品的整个流程，同时给学生留有充分的思考空间，利于激发学生实践创新的兴趣、使学生享受实践创新的乐趣、提升学生实践创新和解决实际问题的能力。

　　本实验教程共分两部分。第一部分首先以正弦波发生器电路为例，介绍了如何利用 Altium Designer 设计并绘制电子线路系统原理图和印制电路板（PCB）设计图，并利用 Proteus 对设计的电子线路系统进行仿真调试；其次以 80C51 单片机控制系统为例，介绍了如何利用 Keil C51 进行编程并与 Proteus 进行仿真联调，完成对单片机控制系统的设计与调试。第二部分主要介绍基于 C8051F020 单片机的智能控制系统的硬件设计与软件实现，重点训练了基于 C8051F020 单片机的频率检测系统、模拟直升机垂直升降控制系统以及温度控制系统的设计与实现。

　　本实验教程具有较强的实用性，各部分实验训练内容由简单到复杂，从电子线路设计的基础知识入门，逐步延伸到单片机控制系统的设计、编程和仿真调试，按照书中章节顺序逐个完成实验，学生的电子线路系统设计能力、程序设计能力及单片机系统应用开发能力必然得到提高。

　　本实验教程由西安交通大学刘美兰高级工程师、刘端垲讲师、刘源工程师、王莹工程师、景洲高级工程师共同编写。其中第一部分的第 3 章和第二部分由刘美兰编写，第一部分第 1 章由刘美兰和刘瑞玲共同编写，第一部分第 2 章由刘美兰和刘源共同编写，第一部分第 4 章由刘美兰和王莹共同编写，第一部分第 5 章由刘美兰和景洲共同编写。全书由刘美兰统稿。

西安交通大学张良祖高级工程师和张爱民教授对本书的编写提出了许多宝贵意见，在此表示衷心的感谢。

由于编者的水平有限，书中难免存在错误和疏漏之处，恳请广大读者予以指正。

编者

2022 年 4 月

目　　录

第一部分
电子线路系统设计训练与仿真

第一部分以正弦波发生器电路和 80C51 单片机为主线，详细介绍了如何利用 Altium Designer 设计绘制电子线路系统的原理图和 PCB 设计图，并利用 Proteus 对设计的电子线路系统进行仿真；介绍了 80C51 系列单片机控制系统的设计与实现，以及 Keil C51 和 Proteus 的联合仿真应用。训练了微控制器、存储器、显示器（LCD/LED）、键盘等模块电路以及常用分立元件的综合应用，通过直观的实验效果帮助学生加深对理论知识的理解，同时综合相关知识进行设计型和创新型实验项目的训练，培养和提升学生的动手能力、分析和解决实际问题的能力。

第1章　电子线路系统设计开发工具的使用

Altium Designer 是原 Protel 软件开发商 Altium 公司推出的一体化的电子产品开发系统，主要运行在 Windows 操作系统。Altium Designer 把电子线路系统原理图绘制编辑、印制电路板（Printed Circuit Board，PCB）图设计、拓扑逻辑自动布线、信号完整性分析和设计输出等技术完美融合，为设计者提供了全新的设计解决方案，使设计者可以轻松进行电子线路系统设计。熟练使用 Altium Designer，使电子线路系统设计的质量和效率大大提高。Altium Designer 有很多版本，以下以 Altium Designer 20（简称 AD20）为例进行阐述。

1.1　电子线路系统原理图设计

绘制电子线路系统原理图和设计 PCB 图时，常用的文件类型有四种：SchDoC 类型、SchLib 类型、PcbDoC 类型和 PcbLib 类型。在 SchDoc 类型文件中绘制电子线路原理图，在 SchLib 类型文件中添加或绘制在 AD20 自带元器件库及原理图库中找不到的元器件，在 PcbDoc 类型文件中设计印制电路板图，在 PcbLib 类型文件中添加或绘制自制的元器件封装。熟练掌握这四种类型文件的使用方法后，要想进一步设计出高质量的电路板，就需要勤学多练，积累大量电子线路系统设计知识和经验，掌握布线、布板、信号完整性等方面的知识和技巧。下面以图 1-1 所示的正弦波发生器电路为例，介绍电子线路系统原理图的设计方法。

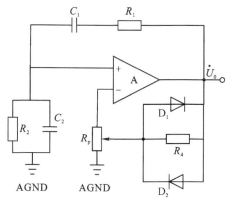

图 1-1　正弦波发生器电路

1. 创建工程项目

打开 AD20 软件，在菜单栏点击"文件"，选择下拉列表中的"新的…"选项，然后选择下拉列表中的"项目"选项，弹出界面如图 1-2 所示。输入项目文件名，选择存储路径后点击"Create",就创建了一个新的工程项目文件。

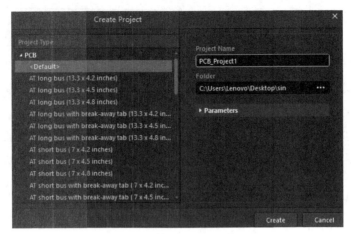

图1-2　选择工程项目路径

2. 创建原理图文件

在菜单栏点击"文件",选择下拉列表中的"新的…"选项,然后选择下拉列表中的"原理图"选项,创建原理图文件并保存,如图1-3所示。

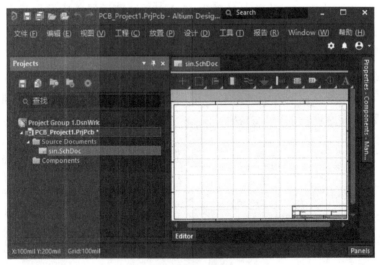

图1-3　创建原理图文件

3. 绘制原理图

1)元器件放置

(1)大多数常见的元器件可以在 AD20 自带的元器件库中找到,比如电阻、电容、光耦等,点击工具条中的元器件图标或在菜单栏点击"放置",选择下拉列表中的"器件(P)…"选项,然后在弹出元器件库列表中找到需要的元器件,如图1-4所示,向右滑动下方滚动条可以查看元器件的其他信息。

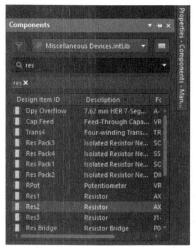

图 1-4　元器件选择

（2）鼠标双击在原理图库选中的元器件，然后在原理图编辑区单击鼠标左键，放置元器件，同类元器件放置数量足够之后，单击鼠标右键取消元器件放置。同样方法选择放置其他类型的元器件，如图 1-5 所示。

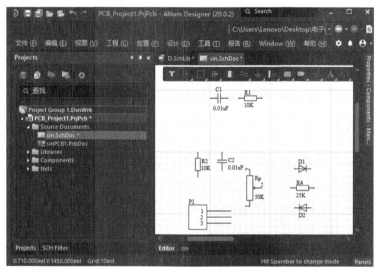

图 1-5　元器件放置

（3）图 1-5 中元器件上有红色波浪线，说明元器件信息不正确，需要逐一给元器件命名并修改元器件参数。鼠标双击选中的元器件或参数，在弹出的界面中进行设置，如图 1-6 所示。原理图中栅格的大小可以设置，在菜单栏点击"视图"，选择下拉列表中的"栅格"选项，然后选择下拉列表中的"设置捕捉栅格"选项，弹出界面如图 1-7 所示，设置栅格大小，可以让原理图中的元器件及其信息放置在恰当的位置。

图 1-6　元器件命名　　　　　　　　图 1-7　设置栅格大小

2) 自制元器件

如果需要的元器件在 AD20 自带的元器件库中找不到，有两种方法获得该元器件。一是找到一个含有此元器件的原理图库，将其添到工程项目中，再把该元器件放置到总原理图中；二是在工程项目中创建一个原理图库并在其中绘制该元器件，然后放置到总原理图中。下面以正弦波发生器电路中的放大器为例介绍元器件的制作过程。

（1）在菜单栏点击"文件"→"新的…"→"库"→"原理图库"，创建放大器原理图库文件并保存。绘制放大器时，在菜单栏点击"放置"，选择下拉列表中的"形状"和"引脚"。按规则标注引脚，注意引脚有十字的一端朝外，这样放置到总原理图中的元器件，才可以和其他的元器件正确连接，如图 1-8 所示。

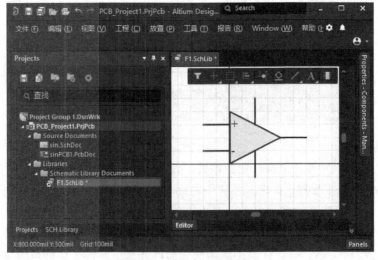

图 1-8　制作放大器原理图

（2）点击图 1-8 所示界面中左下角"SCH Library"按键，弹出窗口，点击"放置"按键后，返回总原理图界面，此时点击鼠标左键，即可放置放大器，如图 1-9 所示。

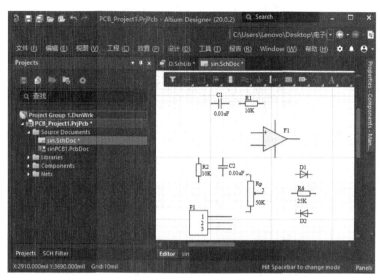

图 1-9　放置放大器

3）元器件旋转

在原理图的编辑界面上，先单击鼠标左键选中目标元器件，然后点击计算机键盘上的空格键，元器件旋转顺时针 90°。用鼠标左键选中元器件且不松开，然后点击计算机键盘上的"X"或"Y"键，会实现元器件左右或上下镜像对调。

4）元器件删除

先用鼠标左键选中目标元器件或连线，然后点击计算机键盘上的"Delete"键，就可以删除目标。按下计算机键盘上的"Shift"键且不松开，此时可以用鼠标左键选中多个目标，选好后点击"Delete"键即可删除这些目标。相邻多个目标需要删除时，可以按住鼠标左键框选目标，再用"Delete"键删除。

5）原理图视图调整

计算机键盘上的"PgUp"键可以放大视图、"PgDn"键可以缩小视图，"Ctrl"键＋鼠标滚轮可以放大或缩小视图。

6）原理图的图幅

绘制原理图时图幅不够有两种解决方法。

（1）将原理图按功能模块分开绘制。

（2）更改原理图的图幅尺寸。在菜单栏点击"设计"→"模板"→"通用模板"→"选择图幅大小"，弹出界面如图 1-10 所示，如设置无更改，点击"确定"按键即可。

7）原理图连线

所有元器件都放置到原理图中合适的位置后，用图 1-11 所示的工具条中线型工具把各元器件连接起来，如图 1-12 所示。

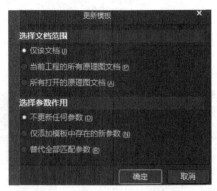

图 1-10　原理图图纸尺寸应用设置

图 1-11　工具条

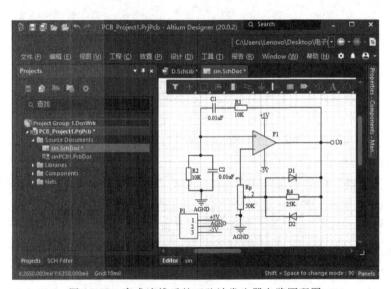

图 1-12　完成连线后的正弦波发生器电路原理图

1.2　电子线路系统 PCB 设计

1. 绘制 PCB 边界

在菜单栏点击"文件"→"新的..."→"PCB"，创建 PCB 设计文件并保存。选择"Keep-Out Layer"层，绘制一个大小合适的多边形（避免有锐角），作为正弦波发生器电路 PCB 图的边界，之后可以根据元器件摆放的位置对此边界进行调整。

2. 更新 PCB 设计文件

在原理图界面的菜单栏点击"设计",选择下拉列表中的"Update PCB Document ..."选项,在弹出界面中点击"验证变更"按键,再点击"执行变更"按键,发现右边两列都是"√",就说明原理图正确无误,如图 1-13 所示。如果有错误,查看错误并改正,然后再点击"执行变更",更新 PCB 设计文件。关闭执行验证变更后的界面,在PCB 图中的灰色底版上,更新 PCB 设计文件后生成了一个充满元器件的红色长条,如图 1-14 所示。图中白色的细线是各元器件连接的引导线,在正确布线后就会消失。

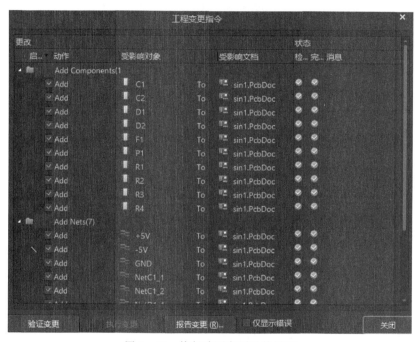

图 1-13 执行验证变更后的界面

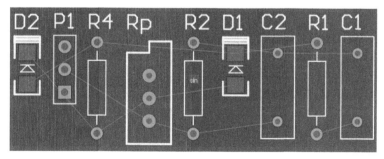

图 1-14 更新后的 PCB 图

3. 给放大器添加封装

在图 1-14 中,发现缺少自制的放大器,说明放大器缺少封装,无法正常使用。简言之,封装是元器件的外形,或者是元器件在 PCB 图上所呈现出来的形状。只有元器件的封装设计正确了，元器件才能正确焊接在 PCB 上。封装大致分为两类：直插式和贴片式。放大器的封装，可以在自制放大器的库文件中添加或者返回电子线路原理图中添加。鼠标双击电子线路原理图中的放大器，在属性界面点击"Footprint"处的"Add"，弹出如图 1-15 所示的窗口，输入封装名称查找并点击"确定"，这样就完成了放大器的封装。为了避免元器件缺少封装，可以在更新 PCB 设计文件之前，在电路原理图的菜单栏点击"工具"，选择下拉列表中的"封装管理器"选项，对所有元器件封装进行查看，对相同封装的元器件可以批量添加封装，如图 1-16 所示。

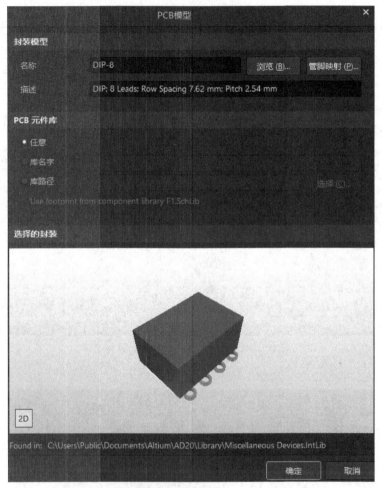

图 1-15 给放大器添加封装

4. 重新更新 PCB 设计文件

放大器添加好封装后，再次更新 PCB 设计文件，如图 1-17 所示，放大器出现了，如果呈现绿色，这是因为元器件有重叠，把元器件摆放开即可。确认元器件齐全后，参照电路原理图中各元器件所在的位置，把元器件拖拽到之前绘制的 PCB 边界里，删除红色金属层长条。

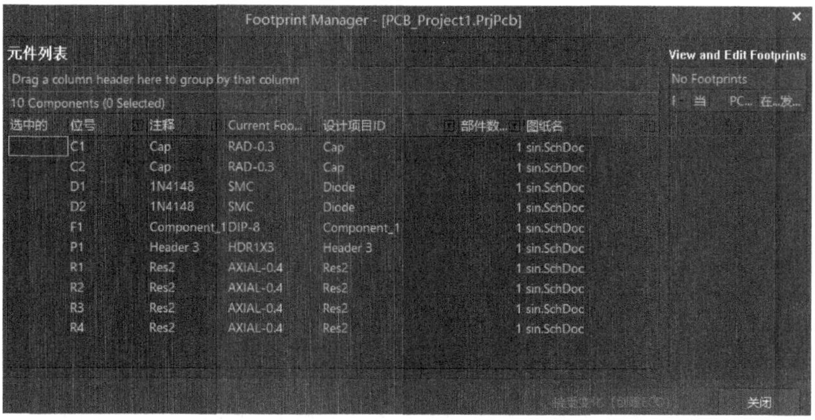

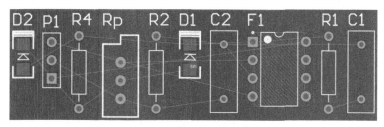

图 1-16　封装管理器

图 1-17　添加放大器后的 PCB 图

5. PCB 布线

　　PCB 布线是在把元器件拖拽到 PCB 边界内合适的位置并全部摆放好之后进行的，良好的元器件位置布局可以大大减少布线工作量，精简电路结构并优化系统性能。例如，可以先将各个模块分别布局，再将各个模块组合连接。各个模块的布局借鉴电路原理图，并根据电源、地线的连接略作调整，同时兼顾电气合理性。例如旁路、隔直电容一般尽可能离放大器引脚近些，以改善滤波效果。摆放好元器件后点击连线工具，选好布线层，然后进行手动连线。或者摆放好元器件后，在菜单栏点击"布线"→"自动布线"→"全部"，弹出界面如图 1-18 所示，点击"Route All"按键，完成自动布线后的 PCB 设计图如图 1-19 所示。如果自动布线后还有许多白色引导线未消失，在允许范围内，可以在菜单栏点击"设计"，选择下拉列表的"规则"选项，在弹出界面中选择修改线宽、间距等参数，如图 1-20、图 1-21 所示，然后取消所有布线，再重新进行自动布线操作。复杂的电子线路系统需要手动布线和自动布线相结合。

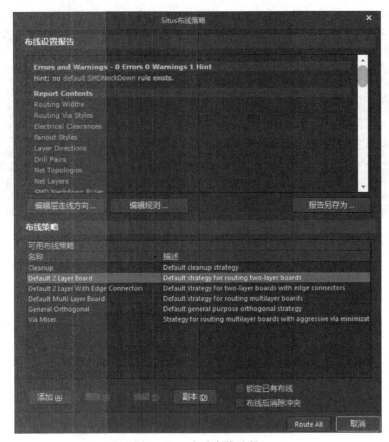

图 1-18　自动布线选择

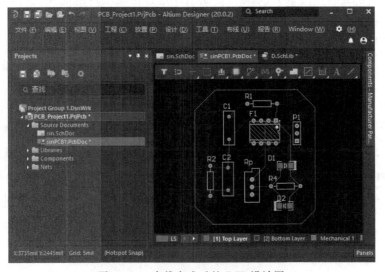

图 1-19　布线完成后的 PCB 设计图

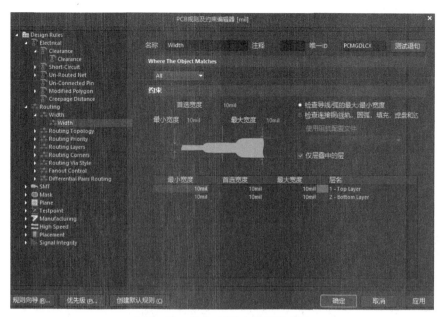

图 1-20　修改 PCB 走线宽度参数

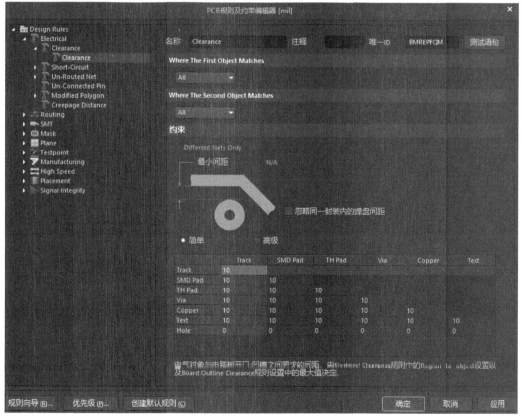

图 1-21　修改 PCB 走线间距参数

6. 调整 PCB 设计图的边界

因为不知道元器件布局完成后占据的空间大小，之前绘制的 PCB 边界有可能不合适，所以在摆放好元器件后需要重新绘制 PCB 边界。

（1）选择"Keep – Out Layer"布线层，绘制一个合适尺寸的闭合多边形，选中 PCB 边界，如图 1 - 22（a）所示。

（2）在菜单栏点击"设计"→"板子形状"→"按照选择对象定义"，操作完成后的 PCB 设计图如图 1 - 22（b）所示。

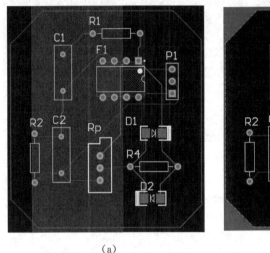
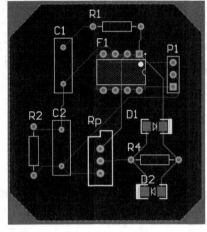

（a）   （b）

图 1 - 22　调整 PCB 设计图的边界

1.3　实验训练

1. 实验目的

（1）熟悉电子线路系统的组成及各分立元件的功能。

（2）掌握利用 AD20 软件设计绘制电子线路系统原理图和 PCB 设计图的方法及技巧。

2. 实验内容

（1）根据个人兴趣设计一个生活中常用设备的电子线路系统或者 2 人合作复现本书第 6 章智能控制器实验板原理图，利用 AD20 软件绘制该实验板电路原理图。

（2）根据绘制的原理图更新 PCB 设计文件，生成对应的 PCB 设计图，检查核对元器件数量、各元器件之间的电气连接等。

第 2 章　Proteus 仿真开发工具的使用

利用 AD20 设计的电子线路系统在做成实体板之前，要想测试其功能，Proteus 软件仿真测试是一个很好的选择。Proteus 是英国 Lab Center Electronics 公司开发的电路分析与实物仿真软件。Proteus 可以进行模拟电路、数字电路和各种虚拟仪器的仿真，可以进行单片机和嵌入式系统的综合仿真，可以对单片机系统的各种功能进行仿真，如按键操作、数码管显示、液晶显示等，目前支持 51 系列、PIC 系列、AVR 系列、MSP430 系列、部分 ARM 系列等单片机，同时支持上千种外围器件。Proteus 仿真系统具有单步、设置断点等调试功能，在程序的运行过程中可以观察变量、寄存器的当前状态；还支持第三方的软件编译和调试环境，对于 51 单片机来说，Proteus 可以和 Keil C51 实现联合应用。在 Proteus 中，可以快速、方便地绘制单片机应用系统的电路原理图。初学单片机而又没有硬件设备的情况下，可以选择 Proteus 进行仿真测试。

2.1　Proteus 的使用方法

1. 创建工程文件

打开 Proteus 软件，软件开发环境如图 2 - 1 所示。在菜单栏点击"文件"→"新建工程"→选择工程保存路径→"从选中的模板中创建原理图"→"不创建 PCB 布板设计"→"没有固件项目"→"完成"，新建工程项目的框架就搭建好了。

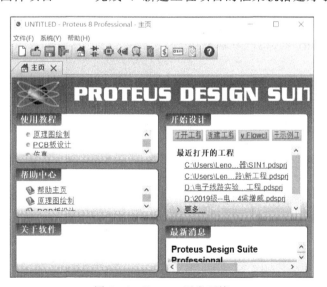

图 2 - 1　Proteus 开发环境

2. 原理图设计界面简介

Proteus 原理图设计界面如图 2-2 所示。

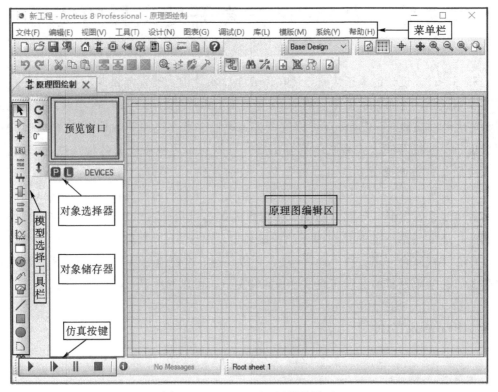

图 2-2　Proteus 原理图设计界面

1) 原理图编辑窗口

原理图编辑窗口（即编辑区）用来绘制原理图。元器件选取放置后，在该区域组成应用系统的电路图。在菜单栏中点击"视图"，选择下拉列表中的"切换网络"选项，可以改变原理图编辑区的背景格式。

2) 预览窗口

预览窗口有两个作用：选择放置元器件时，显示该元器件的预览图；显示整个原理图的缩略图时，可以用绿色方框框起缩略图，原理图编辑区没有滚动条，不能直接改变原理图的可视范围，但通过改变预览窗口中绿色方框的位置，可以改变原理图的可视范围。

3) 模型选择工具栏

模型选择工具栏用于选择各种模式、仿真测试工具、绘图按键等。

4) 对象选择器

对象选择器（P）用于选择元器件、直流电源等。在"模型选择工具栏"内选择"元器件模式"选项，然后点击"P"，就可以选择各种对象。

5) 对象储存器

对象储存器用于存放对象选择器选择的对象、显示终端、虚拟仪器等。

6) 仿真按键

仿真按键用于启动、停止、暂停等各种仿真操作。

7) 菜单栏

菜单栏用于选择新建工程、打开已有工程、调试工程、绘制好电路图后的电气规则检测等。

3. Proteus 操作特点

（1）在元器件列表中选择元器件后，双击鼠标左键可进行元器件拾取操作。

（2）在元器件上点击鼠标右键后，弹出快捷菜单。

（3）在元器件上双击鼠标右键，可删除元器件。

（4）连线用鼠标左键，在线上双击鼠标右键可删除连线。

（5）用"Ctrl"键＋鼠标滚轮可以放大缩小原理图视图。

2.2　Proteus 仿真实例

以图 1-1 的正弦波发生器电路为例，介绍 Proteus 绘制原理图的具体操作。

1. 电路中的元器件

正弦波发生器电路中的元器件如表 2-1 所示。

表 2-1　正弦波发生器电路元器件列表

元器件名称	Proteus 中元器件名称
电阻	RES
二极管	DIODE
运算放大器	1458

2. 元器件拾取

在图 2-2 的界面中，点击对象选择器（P），输入元器件在 Proteus 中对应的名称，如电阻输入"RES"（不分大小写），点击回车键，选中元器件，选择时仔细查看元器件列表说明，确定元器件后双击鼠标左键，把元器件拾取到对象储存器中，同理拾取其他元器件，如图 2-3 所示。拾取元器件前注意勾选"是否仅显示有模型的元件？"，以免之后出现电路仿真错误，增加排查错误的工作量。

3. 元器件的放置、移动、旋转和删除

以电阻为例来介绍元器件的放置、移动、旋转和删除等操作。

1) 元器件的放置

在模式选择工具栏中选择"元件模式"，对象储存器中选择"RES"，然后将光标移动到原理图编辑区，在任意位置单击鼠标左键，即可出现一个随光标移动的元器件原理图符号，移动光标到适当位置，单击鼠标左键即可完成该元器件的放置，相同方

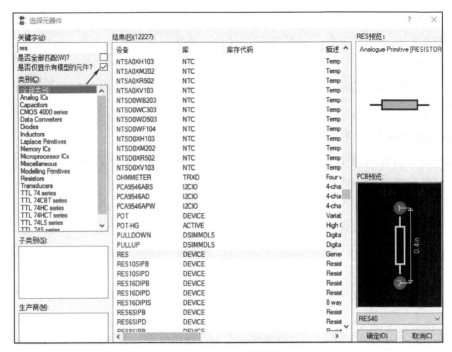

图 2-3　元器件拾取

法放置其他元器件，如图 2-4 所示。

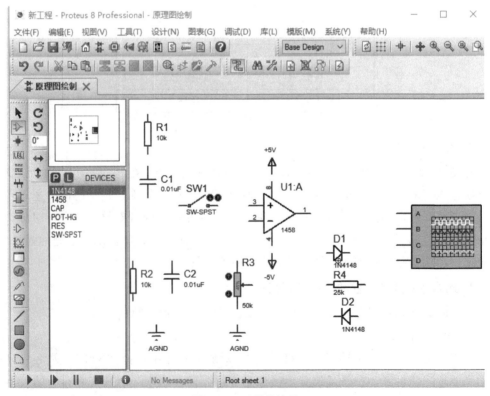

图 2-4　元器件放置

2）元器件的移动和旋转

用鼠标右键单击元器件，弹出快捷菜单，根据需要选择旋转、移动、翻转等操作。

3）元器件的删除

（1）将光标放到元器件上，双击鼠标右键即可删除该元器件。

（2）按住鼠标左键并拉动，将该元器件框选中，然后按下键盘上的"Delete"键，删除该元器件。

（3）鼠标左键选中该元器件，同时按下键盘上的"Delete"键，删除该元器件。

4. 元器件属性设置

在元器件（如本例中的 R4）上双击鼠标左键或单击鼠标右键，在弹出的快捷菜单中选择"编辑属性"选项，弹出如图 2-5 所示的对话框，在该对话框中可以对元器件进行命名和参数修改等。

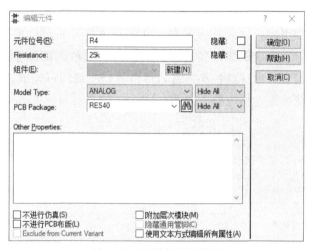

图 2-5　元器件属性设置

5. 网格单位

在菜单栏中点击"视图"，选择下拉列表中的网格大小，可以使元器件及其他信息放置在原理图编辑区中满意的位置。

6. 放置"地"和"电源"

在"模型选择工具栏"中点击"终端模式"按键，在对象储存器中显示出各种终端，如图 2-6 所示，从中选择"GROUND"终端，即可在预览窗口看到"地"的符号，此时将鼠标移到原理图编辑区，单击鼠标左键，即可看到一个随光标移动的"地"终端符号，将光标移动到适当位置单击鼠标左键，即可将"地"终端符号放置到原理图中，然后在"地"终端符号上双击鼠标左键，在弹出的对话框中可以设置标签属性。在标号文本框中选择或输入"GND"，最后单击"确定"按键，完成"地"的放置。同样方法，可以选择放置"终端模式"中的"电源"（POWER）。

图 2-6 Proteus 中"地"的放置

7. 连线

Proteus 系统默认自动捕捉功能有效，只要将光标放置在需要连线的元器件引脚附近，系统会自动捕捉引脚，这时光标上有个红色小方框，表示已经捕捉到引脚了，单击鼠标左键，就会自动生成引线，当连线需要转弯时，单击鼠标左键即可转弯，当光标移动到另一个引脚时，出现红色小方框，单击鼠标左键即可完成连线。图 2-7 为全部连线完成后的正弦波发生器电路原理图。

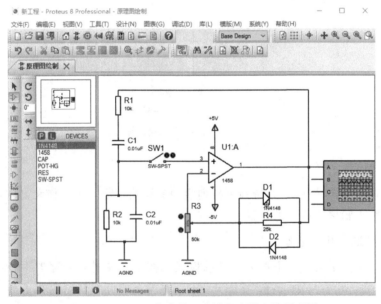

图 2-7 Proteus 完成的正弦波发生器电路原理图

8. 电气规则检查

电子线路系统原理图设计完成后，在菜单栏单击"工具"，选择下拉列表中的"电气规则检测"选项，弹出如图 2-8 所示的检查结果对话框，把列出的错误全部修正。如果电气规则检测没有错误，就会显示"No ERC errors found"的信息。虽然经过电气规则检测，列出的有些错误不改正也能仿真出结果，例如，单片机系统中不放置复位电路和振荡电路，不会影响仿真结果，但实际制作中是不允许的。

图 2-8　电气规则检测

9. 仿真运行

在菜单栏点击"调试"，选择下拉列表中的"开始仿真"或点击仿真按键中的"开始仿真"按键，闭合正弦波发生器电路中的开关 SW1，即可产生正弦波，仿真运行效果如图 2-9 所示。

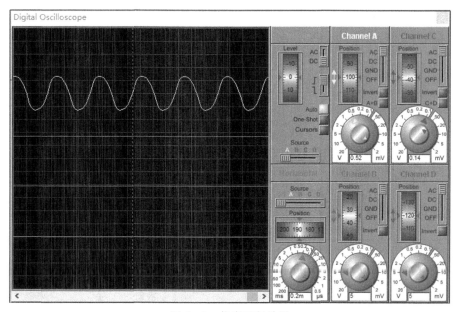

图 2-9　仿真运行效果

2.3 常用元器件

Proteus 中的常用元器件分类如表 2－2 所示，仿真实验中常用元器件列表如表 2－3 所示。

表 2－2 Proteus 中常用元器件分类列表

元器件类名称	Proteus 中元器件类	元器件类名称	Proteus 中元器件类
模拟芯片类	Analog ICs	建模基元	Modelling Primitives
电容类	Capacitors	运算放大器类	Operational Amplifiers
CMOS 4000 类	CMOS 4000 series	光电子器件类	Optoelectronics
连接器类（排座、排针）	Connectors	PICAXE 微处理器	PICAXE
数据转换器	Data Converters	可编程逻辑器件类	PLDs&FPGAs
调试工具	Debugging Tools	电阻类	Resistors
二极管类	Diodes	仿真基元类	Simulator Primitives
发射极耦合逻辑 10000 系列	ECL 10000 Series	扩音器类	Speakers & Sounders
机电设备（只有电动机模型）	Electromechanical	开关和继电器类	Switches & Relays
电感类	Inductors	晶闸管类	Switching Devices
拉普拉斯变换器	Laplace Primitives	热离子晶体管类	Thermionic Valves
三角/星形连接电动机	Mechanics	传感器类	Transducers
存储器芯片类	Memory ICs	三极管类	Transistors
微处理器芯片类	Microprocessor ICs	TTL74 系列集成芯片	TTL74、TTL74F、TTL74HC、TTL74LS series
常用混合类	Miscellaneous		

表 2－3 Proteus 仿真实验中常用元器件列表

元器件名称	Proteus 中元器件名称	元器件名称	Proteus 中元器件名称
与门	AND	直流电动机	MOTOR－DC
128×64 液晶显示器	AMPIRE128×64	伺服电动机	MOTOR－SERVO
直流电源（电池）	BATTERY	与非门	NAND
整流桥	BRIDGE	或非门	NOR
按键	BUTTON	非门	NOT
蜂鸣器	BUZZER	NPN 三极管	NPN
电容	CAP	运算放大器	OPAMP
电解电容	CAP－ELEC	或门	OR

元器件名称	Proteus 中元器件名称	元器件名称	Proteus 中元器件名称
有极性电容	CAP – POL	PNP 三极管	PNP
晶振	CRYSTAL	滑动变阻器	POT – HG
二极管	DIODE	电阻	RES
稳压管	DIODE – SC	电阻排	RESPACK
7 段数码管	7 – SEG	晶闸管	SCR
熔断器	FUSE	扬声器	SPEAKER
电感	INDUCTOR	开关	SW –
变压器	TRAN	三端双向可控硅	TRIAC
灯泡	LAMP	80C51 单片机	80C51
发光二极管	LED	驱动器	7407
16×2 液晶显示器	LM16L	总线收发器	74HC245

2.4　实验训练

1. 实验目的

掌握电子线路系统设计原理和设计技巧，掌握 Proteus 仿真调试工具的使用方法。

2. 实验内容

利用 Proteus 设计一个简单的电子线路系统，例如门铃电路、方波和三角波发生器电路等。

第3章 单片机基础

微型计算机的产生和发展，改变了社会生活的各个方面，使人类社会跨入智能化的新时代。微型计算机可以分成两大分支，一类是计算机，可以实现海量高速数据处理，兼顾控制功能；另一类是单片机，能够实现对被控对象的测控功能，兼顾数据处理功能。计算机和单片机之间串行通信、优势互补形成了网络控制系统，使近代计算机技术发展更加突飞猛进。

3.1 80C51单片机简介

1. 单片机

单片机是将微控制器、存储器和输入输出接口电路等集成在一块芯片上，构成具有一定功能的计算机系统，而这些功能的实现是由开发者编程来完成的。单片机应用领域广泛，各领域智能化产品几乎都有单片机的存在。单片机应用的意义，不仅在于它的广阔应用范围及所带来的经济效益，更重要的是从根本上改变了控制系统传统的设计思想和设计方法。

单片机的种类繁多，MCS-51 单片机是 8 位单片机的典型代表，它于 20 世纪 80 年代由英特尔（Intel）公司推出，后来英特尔公司将 8051 内核使用权以专利互换或出售的形式，转让给了许多集成电路（Integrated Circuit，IC）制造商，例如飞利浦（Philips）、爱特梅尔（Atmel）等。最初 MCS-51 单片机使用高性能 MOS（High performance MOS，HMOS）工艺，功耗较大，随后 Intel 公司推出互补高性能 MOS（Complmentary High performance MOS，CHMOS）工艺的 80C51 芯片，大大降低了功耗。其他各公司在保持与 Intel 公司的 80C51 兼容的基础上，融入了自身的优势，扩展了满足不同测控对象要求的外围电路，开发出上百种功能各异的新品种，形成了有众多芯片制造商支持的 80C51 大家族，统称为 80C51 系列单片机，简称 51 系列单片机。

2. 80C51单片机的内部结构

80C51 单片机主要由中央处理器（Central Processing Unit，CPU）、时钟电路、只读存储器（Read-Only Memory，ROM）、随机存储器（Random Access Memory，RAM）、定时/计数器、特殊功能寄存器、串行口、并行口、总线控制等部分组成，各部分通过内部总线相互连接，如图 3-1 所示。CPU 是单片机的运算和控制核心，它是信息处理、程序运行的最终执行单元。CPU 一般由运算器和控制器组成。

1）运算器

单片机的重要功能就是进行算术运算和逻辑运算，这些功能是由 CPU 中的运算器

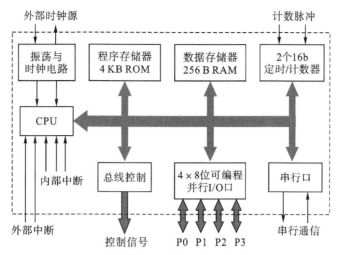

图 3-1　80C51 单片机功能结构框图

完成的。运算器主要由加法器、两个 8 位暂存器、8 位累加器 A、寄存器 B、程序状态字 PSW 组成。运算器可以对 8 位数据进行加、减、乘、除等算术运算及与、或、取反等逻辑运算，并且能实现数据传送、移位等功能。

2）控制器

单片机的功能是通过程序来实现的，在控制器发出的各种控制信号的统一协调下，程序中多任务的执行有序地进行。控制器包括程序计数器 PC（Program Counter）、指令寄存器 IR（Instruction Register）、指令译码器 ID（Instruction Decoder）、堆栈指针 SP（Stack Pointer）寄存器、数据指针 DPTR（Data Pointer）寄存器、定时控制逻辑电路等。

程序计数器 PC 是一个 16 位的寄存器，给 CPU 提供读取指令存储地址，每读取一个字节指令，PC 自动加 1，CPU 得到要执行的下一条指令地址。

3. 80C51 引脚功能

80C51 单片机有 40 个引脚，分为四类：电源、时钟、控制和 I/O 引脚，如图 3-2 所示。

1）电源引脚

VCC：电源端，接 +5 V；

VSS：接地端。

2）时钟电路引脚

XTAL1：片内振荡电路的输入端。当接外部的时钟电路时，此引脚接地。

XTAL2：片内振荡电路的输出端。当接外部的时钟电路时，此引脚接外部时钟信号输入端。

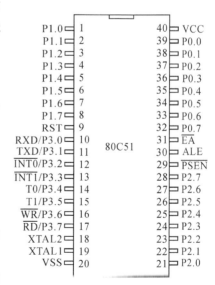

图 3-2　80C51 单片机引脚图

3）控制线引脚

ALE：低 8 位地址锁存控制信号端。ALE 引脚用来锁存 P0 口送出的低 8 位地址。

$\overline{PSEN}$：外部程序存储器读选通信号端，低电平有效。

$\overline{EA}$：程序存储器控制端。$\overline{EA}$ 为 0 时，只访问外部 ROM；$\overline{EA}$ 为 1 时，先访问片内 ROM，超过 4 KB 时，CPU 自动转向外部 ROM。

RST：复位引脚。正常工作时，输入复位信号，在 RST 引脚上连续保持约 2 个机器周期以上高电平时，系统复位。

4）I/O 端口引脚

80C51 单片机有 4 个并行 I/O 端口：P0、P1、P2 和 P3 端口，每个端口有 8 位，共 32 个引脚。4 个 I/O 端口都可以作为普通的并口使用，同时还有各自的特色用途，在并行扩展外存储器时，P0 口专用于分时传送低 8 位地址信号和 8 位数据信号，P2 口专用于传送高 8 位地址信号，P3 口根据需要常用于特殊信号输入输出和控制信号（即第二功能），如表 3-1 所示。

表 3-1　P3 口第二功能

引脚号	引脚名称	引脚功能
P3.0	RXD	串行口输入端
P3.1	TXD	串行口输出端
P3.2	$\overline{INT0}$	外部中断 0 信号输入端
P3.3	$\overline{INT1}$	外部中断 1 信号输入端
P3.4	T0	定时/计数器 0 外部信号输入端
P3.5	T1	定时/计数器 1 外部信号输入端
P3.6	$\overline{WR}$	外部 RAM 写选通信号输出端
P3.7	$\overline{RD}$	外部 RAM 读选通信号输出端

3.2　单片机系统设计预备知识

1. 单片机电平特性

单片机是一种数字集成芯片，数字电路中只有高电平和低电平两种电平，单片机的输入和输出为晶体管-晶体管逻辑（Transistor-Transistor Logic，TTL）电平，80C51 单片机输入输出高电平为 +5 V，低电平为 0 V。TTL 电平信号应用广泛，因为数据表示通常采用二进制，+5 V 相当于逻辑 1，0 V 相当于逻辑 0。TTL 电平和 CMOS 电路之间是有逻辑电平关系的，而且它们之间能够互相转换，TTL 电平信号可以直接与集成电路连接，降低了电路的复杂度，减少了设备成本。

2. 二进制与十六进制

1）二进制

数字电路中只有高电平和低电平，所以数字电路使用二进制表示。二进制的特点是"逢二进一，借一当二"。B 是二进制数的后缀，例如 1B 就表示十进制数 1，10B 就表示十进制数 2。

2）十六进制

十六进制的特点是"逢十六进一，借一当十六"，H 是十六进制数的后缀。例如 9H 就表示十进制数 9，要特别注意的是十进制的 10～15，分别对应十六进制数的 A～F，字母不区分大小写。在单片机 C 语言编程时，在十六进制数的最左端要加上"0x"，例如十六进制数 AH，编程时写成"0xa"。

3）数据转换

在单片机 C 语言编程时，经常需要进行二进制数、十六进制数和十进制数之间的转换，一般转换规则是先将二进制数转换成十进制数，再将十进制数转换成十六进制数。例如，把十进制数 10 转换为二进制数，转换方法：10 除以 2 商为 5 余 0，二进制的最后一位就是 0；5（10/2 的商）除以 2 商为 2 余 1，二进制的倒数第二位就是 1；2（5/2 的商）除以 2 商为 1 余 0，二进制的倒数第三位就是 0；当最后的商为 1 时就不用再计算了，1 就是该二进制数的第一位，计算完成后的二进数为 1010。二进制数转换成十进制数，转换方法见式（3-1），其中 X_1、X_2、X_3、X_4 表示二进制数从右向左每一位上的数。例如，二进制数 1010 转换成十进制数，转换方法见式（3-2）。十六进制数转换为十进制数，转换方法见式（3-3），其中 X_1、X_2、X_3 表示十六进制数 0x 之后从右向左每一位上的数。例如，十六进制数 0x561 转换成十进制数，转换方法见式（3-4）。编程中常用的十进制数 0～15 转换成二进制数、十六进制数，如表 3-2 所示。

$$X_4X_3X_2X_1 = X_4 \times 2^3 + X_3 \times 2^2 + X_2 \times 2^1 + X_1 \times 2^0 \tag{3-1}$$

$$1010 = 1 \times 2^3 + 0 \times 2^2 + 1 \times 2^1 + 0 \times 2^0 \tag{3-2}$$

$$0xX_3X_2X_1 = X_3 \times 16^2 + X_2 \times 16^1 + X_1 \times 16^0 \tag{3-3}$$

$$0x561 = 5 \times 16^2 + 6 \times 16^1 + 1 \times 16^0 \tag{3-4}$$

表 3-2　部分数的十进制、二进制、十六进制转换表

十进制	二进制	十六进制	十进制	二进制	十六进制
0	0	0	8	1000	8
1	1	1	9	1001	9
2	10	2	10	1010	A
3	11	3	11	1011	B
4	100	4	12	1100	C
5	101	5	13	1101	D
6	110	6	14	1110	E
7	111	7	15	1111	F

3.3　单片机 C 语言

C 语言是一种结构化的程序设计语言，它是单片机系统开发中常用的一种高级语

言。C 语言在功能、结构、可读性和可维护性上有明显的优势，因而易学易用。80C51 单片机使用的 C 语言简称为 C51 语言，C51 语言是 C 语言的变种和扩展。

1. C51 语言

目前最常用的 Keil C51 编译器是 Keil 公司针对 80C51 系列单片机推出的 C51 编译器，编译器完全支持美国国家标准学会（American National Standards Institute，AN-SI）的标准 C 语言。C51 语言继承了标准 C 语言的大部分特性，但由于 80C51 系列单片机的特殊性，C51 语言在 C 语言的基础上进行了扩展，使其能够更有效地利用单片机的各种有限资源。

1）关键字

C51 语言扩展的关键字如表 3-3 所示。

表 3-3 C51 语言扩展的关键字列表

关键字	用途	说明
bit	位变量定义	声明一个位变量或位类型的函数
sbit	位变量定义	声明一个可位寻址变量
sfr	特殊功能寄存器声明	用于定义一个 8 位特殊功能寄存器
sfr16	特殊功能寄存器声明	用于定义一个 16 位特殊功能寄存器
data	存储器类型声明	直接寻址片内数据存储器
bdata	存储器类型声明	位寻址片内数据存储器
idata	存储器类型声明	间接寻址片内数据存储器
pdata	存储器类型声明	分页寻址片外数据存储器
xdata	存储器类型声明	可寻址片外数据存储器
code	存储器类型声明	定义数据存在程序存储器
interrupt	中断函数标识	定义中断函数
reentrant	再入函数说明	再入函数就是被嵌套调用的函数
using	寄存器组定义	定义芯片的工作寄存器
at _	变量定义	定义变量的绝对地址
tast _	实时任务函数	指定一个函数为一个实时的任务
alien	函数外部声明（PL/M-51）	在 C51 编译器中调用 PL/M-51 函数声明
small	变量的存储模式选择	将未指明存储区的变量存储在 data 存储区
compact	变量的存储模式选择	将未指明存储区的变量存储在 pdata 存储区
large	变量的存储模式选择	将未指明存储区的变量存储在 xdata 存储区

2）数据类型

在标准的 C 语言中，基本的数据类型为 char、int、short、long、float 和 double，C51 语言扩展的数据类型为 bit、sbit、sfr 和 sfr16，如表 3-4 所示。Keil C51 编译器中 int 类型和 short 类型相同，float 类型和 double 类型相同。

表 3 - 4　C51 语言常用数据类型

语言	数据类型	长度	值域
ANSI C 标准	usigned char	1 字节	0～255
	signed char	1 字节	−128～+127
	usigned int	2 字节	0～65535
	signed int	2 字节	−32768～+32767
	usigned long	4 字节	0～4294967295
	signed long	4 字节	−2147483648～2147483647
	float	4 字节	$\pm 1.175494 \times 10^{-38} \sim \pm 3.402\,823 \times 10^{38}$
	*	1～3 字节	对象地址
C51 扩展	bit	1 个二进制位	0 或 1
	sbit	1 个二进制位	0 或 1
	sfr	1 字节	0～255
	sfr16	2 字节	0～65535

2. 存储器类型

80C51 单片机数据存储器可划分为两大区域：00H～7FH 为片内 RAM 区；80H～FFH 为特殊功能寄存器区（SFR）。地址为 00H～7FH 的片内 RAM 区又可划分为三个区域。

1）通用寄存器区

地址为 00H～1FH 的通用寄存器区由 4 个工作寄存器组构成：0 组（00H～07H），1 组（08H～0FH），2 组（10H～17H），3 组（18H～1FH）。每个寄存器组含有 8 个通用寄存器：R0～R7，共有 32 个通用寄存器。

2）可位寻址区

80C51 单片机 RAM 的可位寻址区字节地址为 20H～2FH。

3）用户 RAM 区

80C51 单片机片内 RAM 的用户 RAM 区地址为 30H～7FH。

Keil C51 编译器提供对 80C51 单片机系统所有存储区的访问，变量可以在定义时给定存储类型，每个变量可以明确地分配到指定的存储空间，如表 3 - 5 所示。

表 3 - 5　C51 存储器类型与 80C51 单片机存储空间的对应关系

存储类型	长度	存储空间与值域范围的对应关系
data	8 位	直接寻址片内 RAM（00H～7FH）
bdata	8 位	可位寻址片内 RAM（20H～2FH）
idata	8 位	间接寻址片内 RAM（00H～FFH）
pdata	8 位	分页间接寻址片外 RAM（00H～FFH）
xdata	16 位	间接寻址片外 RAM（0000H～FFFFH）
code	16 位	间接寻址 ROM（0000H～FFFFH）

3. 存储器模式

Keil C51 访问单片机内部数据存储器比访问外部数据存储器快得多，所以应该把频繁使用的变量放置在内部数据存储器中，把使用频率小的变量放在外部数据存储器中，使用存储器 Small 模式即可。存储器模式有 Small、Compact 和 Large 三种。存储器模式决定了没有指定存储空间的变量和函数的缺省存储区域。

1）Small 模式

Small 模式下默认变量在内部数据存储器中，和用 data 显式定义变量作用是相同的。在此模式下变量访问速度最快。然而若所有数据都存在内部存储器中，堆栈空间有时会溢出，因为堆栈占用多少空间依赖于各个子程序的调用嵌套深度。Small 模式的优点是访问速度快，缺点是空间有限，只适用于小程序。

2）Compact 模式

Compact 模式下默认所有变量在外部数据存储器一页（256 字节）中，变量具体在哪一页可由 P2 口指定（在 STARTUP. A51 文件中修改参数），和用 pdata 显式定义变量作用是相同的。Compact 模式的优点是空间较 Small 模式宽裕，速度较 Small 模式慢，较 Large 模式快，是一种中间状态。

3）Large 模式

Large 模式下所有变量默认在外部数据存储器中，和用 xdata 显式定义变量作用是相同的。外部数据存储器空间有限，需要用数据指针 DPTR 来寻址，通过 DPTR 进行存储器的访问效率很低，特别是在对大于 1 个字节的变量进行操作时尤为明显。用这种方式访问数据，比 Small 和 Compact 模式需要更多的代码。Large 模式的优点是存储空间增大，可存变量多，缺点是速度较慢。

4. 中断函数

中断就是 CPU 暂时中止其正在执行的程序，转去执行请求中断的服务程序，等处理完毕后再返回执行原来中止的程序，如图 3-3 所示。中断是由外设或事件触发的，设置中断是为了提高 CPU 的工作效率，使单片机具有实时处理功能、故障处理功能，可以实现分时操作。

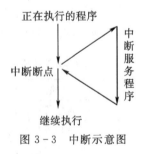

图 3-3 中断示意图

中断函数的定义格式：

函数类型 函数名（形式参数）interrupt n using r

{

```
    函数体语句　//实现一定的功能
}
```

关键字 interrupt 后面的 n 为中断号，Keil C51 编译器在 8n+3 处产生中断向量，即当响应中断请求时，程序会根据中断号自动跳转到地址为 8n+3 的位置，执行对应的中断程序。基本的中断源和中断入口地址如表 3-6 所示。using 后面的 r 为工作寄存器组，r 取值范围为 0～3，若选择了寄存器组，编译器按开发者的安排进行编译，否则就由编译器自动分配。

表 3-6　常用中断源和中断入口地址

中断号 n	中断源	中断入口地址 8n+3
0	外部中断 0	0003H
1	定时/计数器 0	000BH
2	外部中断 1	0013H
3	定时/计数器 1	001BH
4	串口中断	0023H

5. 库函数

Keil C51 编译器包含丰富的库函数，使用库函数可以使程序代码简单，结构清晰，易于调试和维护，可以大大简化开发者程序设计的工作量，提高编程效率。库函数是 C51 在库文件中已经定义好的函数，在使用时，应在源程序的开头使用预处理指令"#include"将有关的库函数包含进来。

1）本征库函数

Keil C51 编译器的本征库函数在编译时直接将固定的代码插入当前行，而不是用 ACALL 和 LCALL 语句来实现，可大大提高函数的访问效率，使用时，源程序开头必须包含"#include<intrins.h>"语句。本征库函数有 9 个，如下所示。

（1）_crol_：将 char 型变量循环向左移动指定位后返回。

（2）_cror_：将 char 型变量循环向右移动指定位后返回。

（3）_irol_：将 int 型变量循环向左移动指定位后返回。

（4）_iror_：将 int 型变量循环向右移动指定位后返回。

（5）_lrol_：将 long 型变量循环向左移动指定位后返回。

（6）_lror_：将 long 型变量循环向右移动指定位后返回。

（7）_nop_：产生一个 NOP 指令。

（8）_testbit_：产生一个 JBC 指令，用于测试位变量并跳转，同时清零。

（9）_chkfloat_：测试并返回浮点数状态。

2）常用库函数

如不特别说明，提到的库函数均指非本征库函数。定义格式：

＃include ＜函数库名．h＞

常用的库函数如下：

（1）访问 80C51 单片机特殊功能寄存器库函数 reg51.h。

（2）访问绝对地址库函数 absacc.h。

（3）字符串处理函数 string.h。

（4）输入输出流函数 stdio.h。

（5）数学函数 math.h。

第4章　单片机系统设计与仿真

设计的电子线路系统中包含单片机时，需要用 C51 编程实现单片机的控制功能。把 Keil C51 编译器生成的 .hex 文件载入 Proteus 原理图中的单片机，可以进行仿真调试。Keil C51 有多个版本，下面以 Keil μVision4 为例介绍 Keil C51 的使用方法。

4.1　Keil μVision4 的使用方法

从点亮一个 LED 灯开始训练。点亮一个 LED 灯控制系统原理图如图 4-1 所示。具体实现步骤如下。

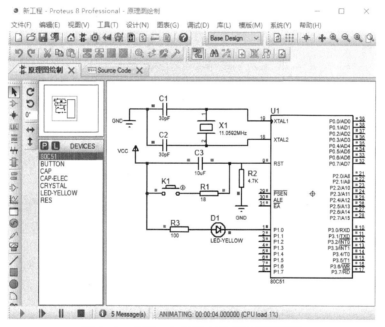

图 4-1　点亮一个 LED 灯控制系统原理图

1. 新建项目文件

打开 Keil μVision4 软件，在菜单栏单击 "Project"，选择下拉菜单 "New μVision Project" 选项，在弹出界面中选择项目的保存路径，输入项目名并保存，然后选择单片机型号（例如选择 Intel 公司 80C51 单片机），点击图 4-2 中的 "OK" 按键，就在 Keil μVision4 的 "工程项目区" 中创建了一个 "Target1" 文件，如图 4-3 所示。

2. 创建 C51 文件

在菜单栏单击 "File"，选择下拉列表中的 "New..." 选项，系统自动新建一个默

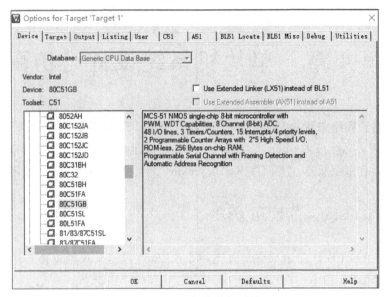

图 4-2 选择单片机型号

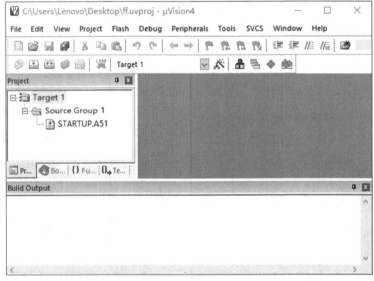

图 4-3 创建工程文件

认名称为"Text1"的空白文本文件(名称可以自定义),如图4-4所示。

3. 编写 C51 程序

在图4-4中的"程序代码编辑区"编写程序代码,代码编写完成后,选择保存到创建的项目文件目录中(注意保存格式,后缀为.c),本例该代码文件为led.c,然后添加到"工程项目区"的"Source Group1"中,如图4-5所示。程序代码:

```
#include<reg51.h>
```

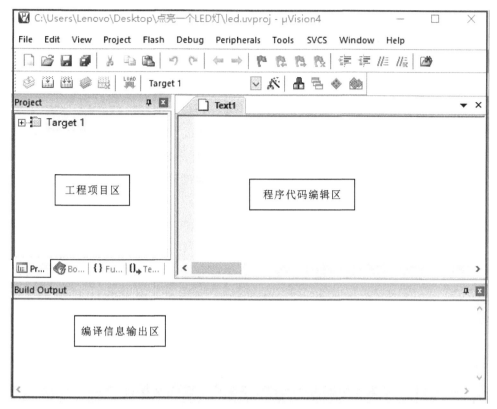

图 4 - 4　Keil μVision4 开发编译环境

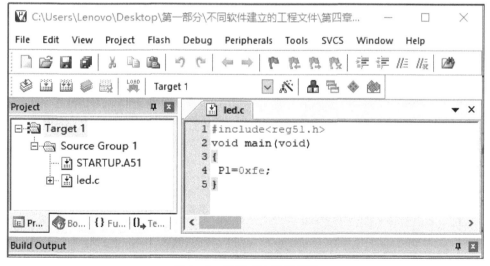

图 4 - 5　编写 C51 程序代码

```
void main ()
{
  P1 = 0xfe;    //只有 P1 口的 P1.0 引脚是低电平，其余都是高电平
}
```

程序分析：0xfe 是一个十六进制数，f 对应的二进制数是 1111，e 对应的二进制数是 1110，所以 0xfe 对应的二进制数为 11111110，除了最低位（P1.0 引脚输出）为 0 外，其他位为 1，所以接在 P1.0 引脚上的灯亮。

4. 编译程序

源程序编写、保存并添加到项目文件后，需要对程序进行错误检查，即编译调试。在菜单栏单击 "Project"，选择下拉列表中的 "Rebuild all target files" 选项，即可对程序进行编译，这时信息输出栏会显示相关编译信息。如果有错误的话，会指出错误所在的位置和错误类型（注意错误位置的指示不一定准确，需要仔细检查），错误修改后再进行编译，直到程序编译没有错误为止。

5. HEX 文件

单片机不能处理 C 语言文件，必须将 C 语言程序转换成单片机能够识别的二进制或者十六进制文件。在菜单栏单击 "Project"，选择下拉列表中 "Options for Target 'Target1'..." 选项，在弹出的目标设置界面中，设置时钟频率为 11.0592 MHz，然后单击 "Output" 按键，弹出界面中勾选 "Create HEX File" 选项，如图 4-6 所示，点击 "OK"，再次编译程序，在编译信息输出区，发现生成了一个后缀为 .hex 的文件。HEX 格式文件是可以加载到单片机中的代码文件，是能被单片机执行的一种文件格式。HEX 文件由任意数量的十六进制记录组成，最常用的 HEX 格式是 Intel HEX 文件格式，即遵循 Intel HEX 文件格式的 ASCII 文本文件，文件的每一行都包含了一个 HEX 记录。

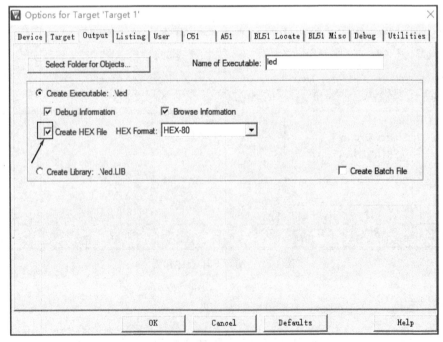

图 4-6 勾选 "Create HEX File" 文件

4.2　Proteus 和 Keil μVision4 的联调仿真

1. 仿真调试

1）加载程序

鼠标双击 Proteus 原理图中的单片机 80C51，弹出如图 4 - 7 所示的对话框，将在 Keil μVision4 中编译生成的 . hex 文件"加载"到单片机中。

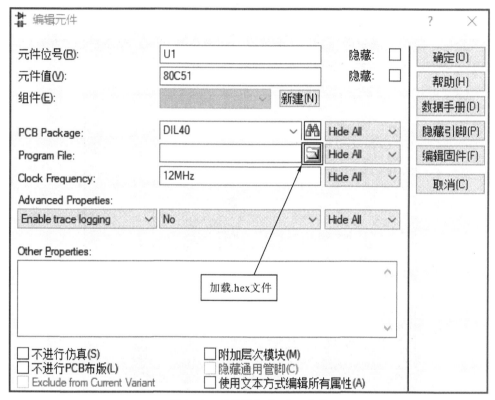

图 4 - 7　单片机加载 . hex 文件

2）仿真运行

程序加载成功后，单击"仿真开始"按键，LED 灯被点亮了。

3）电路分析

（1）单片机最小系统。

单片机最小系统是指用最少的元器件组成的单片机可以工作的系统。图 4 - 1 中去掉 P1.0 引脚上接的所有器件，电路就成为单片机最小系统，包括单片机、电源、晶振电路、复位电路。在单片机系统中，复位电路是非常关键的，当程序运行不正常或停止运行时，就需要对其进行复位。80C51 单片机的复位引脚 RST（第 9 管脚）出现约 2 个机器周期以上的高电平时，单片机就执行复位操作。

（2）电路功能扩展。

可以给 LED 灯前串联一个开关，在仿真运行后控制 LED 灯的亮灭；还可以通过编程，控制 LED 灯按一定的频率亮灭等。

2. 联调仿真设置

（1）复制 Proteus 安装目录"Proteus 8 Professional ＼ MODELS"下的"VDM51.dll"文件到 Keil μVision4 安装目录"Keil＼C51＼BIN"文件夹中。

（2）打开 Keil μVision4 软件安装目录里的 TOOLS.INI 文件，添加语句

TDRV9 = BIN ＼ VDM51.DLL（"Proteus VSM Monitor51 Driver"）

注意该语句中"TDRV9"的数字"9"是根据 Keil μVision4 软件中 TOOLS.INI 文件确定的，即添加语句中"TDRV＋数字"的数字是 TOOLS.INI 文件中最后一条"TDRV＋数字"语句中的"数字"＋1，如图 4-8 所示。

图 4-8 Keil μVision4 中添加 Proteus VSM Monitor51 Driver

（3）分别打开 Keil μVision4 和 Proteus 软件，进行相应的设置。

①打开 Keil μVision4 软件，在菜单栏点击"Project"，选择下拉列表中的"Options for Target 'Target1'..."选项，弹出目标设置界面，点击"Debug"，弹出如图 4-9 所示设置窗口，选中"Use"，在下拉列表中选择"Proteus VSM Monitor51 Driver"选项。

②打开 Proteus 软件进行设置，在菜单栏点击"调试"，勾选下拉列表中的"启动远程编译监视器"选项。

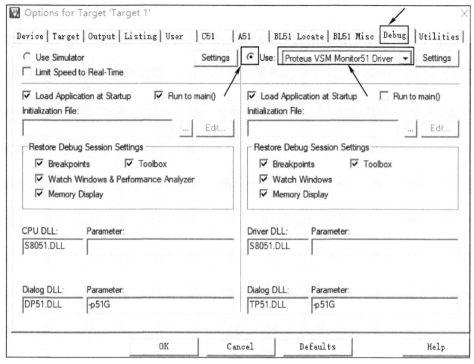

图 4 - 9　Keil μVision4 的 "Debug" 选项设置

3. 联调仿真步骤

（1）利用 Keil μVision4 并结合 Proteus 仿真的硬件电路，编写程序后编译生成 .hex 文件。

（2）把 Keil μVision4 编译生成的 .hex 文件加载到 Proteus 仿真电路中的单片机上。

（3）经过联调仿真设置操作后，在 Keil μVision4 的菜单栏点击 "Debug"，选择下拉列表中 "Start/Stop Debug Session" 选项，便可进行联调仿真。可以通过单步运行、设断点等操作，观察寄存器、变量的值以及外围芯片的数据变化情况。

4. 联调仿真注意事项

（1）如果需要检测电路中某位置的电压、电流、波形等信息，可以在电路中添加相应的虚拟仪器，如电压表、电流表、示波器等。如果 Proteus 仿真运行时，添加的虚拟仪器仿真界面消失，可以在 "调试" 菜单中找到设备并将其打开，Proteus 编辑界面上就会显示相应设备的仿真界面。

（2）对于较为复杂的程序，如果仿真运行后没有达到预期效果，可根据需要对 Proteus 和 Keil μVision4 进行联合调试，联合调试之前先查看 Proteus 和 Keil μVision4 安装目录中是否有 VDM51.dll 文件，如果没有，需要先添加并按步骤进行设置。在 Keil μVision4 中运行程序时，Proteus 中的单片机系统也会跟着运行，这时可以在 Keil μVision4 中进行单步运行、设置断点等调试，同时可以在 Proteus 的单片机控制系统中跟踪，观察运行效果，但是并非所有的情况下都能很好地观察运行效果。例如，进行按键扫描时，单步跟踪就不能够被很好的跟踪，因为在 Proteus 中敲击按键后，再到 Keil μVision4 中继续检测按键时，按键已经被释放了，自然也就观察不到按键的实时状态。因此在进行联合调试时，需要根据实际情况，合理地配合单步运行、设置断点等操作进行仿真调试。

第 5 章　Proteus 与 Keil μVision4 联合应用案例

5.1　流水灯

1. 设计要求

以单片机为核心器件设计流水灯控制电路，控制 8 个 LED 灯依次亮灭。

2. 原理图

流水灯控制系统原理图如图 5-1 所示。

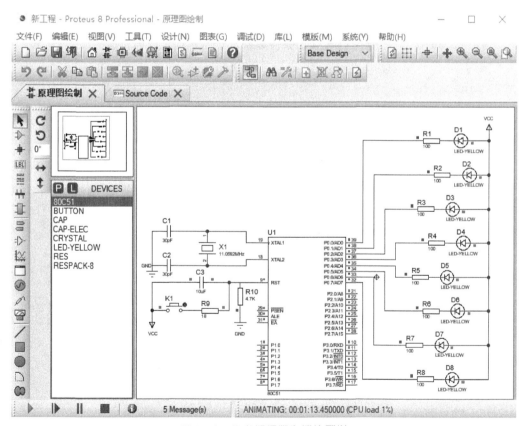

图 5-1　流水灯控制系统原理图

3. 电路中的元器件

流水灯控制系统中的元器件如表 5-1 所示。

表 5-1　流水灯控制电路中的元器件列表

元器件名称	Proteus 中元器件名称
80C51 单片机	80C51
晶振	CRYSTAL
黄色发光二极管	LED-YELLOW
电阻	RES
电容	CAP
按键	BUTTON

4. 软件实现

控制 8 个 LED 灯从上往下依次亮灭，源程序如下：

```
#include<reg51.h>
#define uint unsigned int
#define uchar unsigned char
void delay ()    //延时函数（如果需要精准计时，用定时器延时）
{
  uint i, j;
  for (i=0; i<200; i++)
    for (j=0; j<200; j++);
}
void main ()    //主函数
{
  uchar temp = 0x01;
  uchar count = 0;    //定义计数变量 count，用于移位控制
    while (1)    //程序无限循环执行该循环体语句
    {
      P0 = ~ (temp<<count);    //P0 等于 0 左移 count 位，控制 8 个 LED 灯
      delay ();    //延时
      count ++;    //移位计数变量自加 1
      if (count >= 8)    //移位计数超过 8 后再重新从 0 开始
      count = 0;
    }
}
```

5. 运行效果

加载 Keil μVision4 编译生成的 .hex 文件后，在 Proteus 中点击"仿真开始"按

键，LED 灯 D1～D8 依次亮灭，每盏灯变亮之后，延时一段时间熄灭，循环运行。

6. 电路与程序分析

1）电路分析

电路中的电阻 R1～R8 起限流保护作用，阻值根据实际选择的 LED 灯来确定。在 Proteus 原理图中虽然 P0 端口各引脚不接电阻也能正常仿真运行，但理论和实际制作中都不允许。

2）程序分析

(1) 通过 P0 端口来控制 8 个 LED 灯的亮灭。想让单片机系统中的 LED 灯亮灭流动起来，依次要赋给 P0 端口各引脚的值是 0xFE、0xFD、0xFB、0xF7、0xEF、0xDF、0xBF、0x7F。

(2) 在 C 语言中，有一个移位操作，移位操作是针对二进制数进行移位，其中 "<<" 是左移，">>" 是右移。例如 "a＝0x01<<1;"，a 的结果就是 0x01 左移一位。移位操作之后，原来在第一位上的 1 移动到第二位上，第一位上补 0。0x01 对应的二进制数为 00000001，左移一位为 00000010。

(3) 在 C 语言中，有一个按位取反的运算符 "～"，也是针对二进制数进行操作。例如 "a＝～ (0x01);"，0x01 对应的二进制数为 00000001，按位取反后为 11111110，a 的值就是 0xFE。

(4) 当 count 等于 0 时，0x01 左移 0 位，还是 00000001，取反后为 11111110，LED 灯 D1 亮；当 count 等于 7 时，0x01 左移 7 位，对应的二进制数为 10000000，取反后为 01111111，LED 灯 D7 亮；当 count 大于 7 后，再重新从 0 开始计数移位。

3）电路功能扩展

电路中可以添加一个按键，控制 8 个 LED 灯按三种不同的顺序亮灭。

5.2　简易音乐播放器

1. 设计要求

以单片机为核心器件设计简易音乐播放器电路，功能是播放音乐。

2. 原理图

简易音乐播放器控制系统原理图如图 5－2 所示。

3. 电路中的元器件

简易音乐播放器控制系统中的元器件如表 5－2 所示。

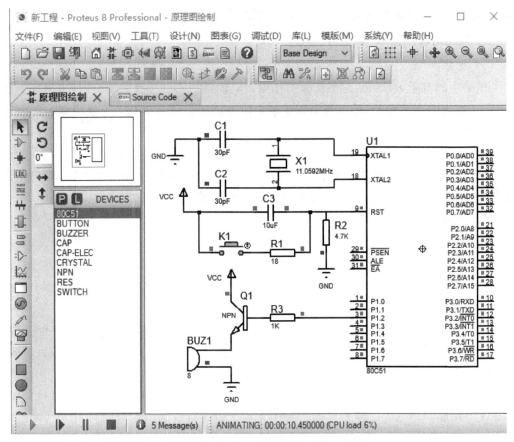

图 5-2　简易音乐播放器控制系统原理图

表 5-2　简易音乐播放器电路中的元器件列表

元器件名称	Proteus 中元器件名称
电阻	RES
电容	CAP
晶振	CRYSTAL
按键	BUTTON
三极管	NPN
蜂鸣器	BUZZER
80C51 单片机	80C51

4. 软件实现

循环播放《祝你生日快乐》乐曲，程序代码如下：

```
#include <reg51.h>
typedef unsigned char uint8;
```

```
typedef unsigned int uint16;
sbit BUZZER = P1^2;
code uint8 Song_T [] =
{
    212, 212, 190, 212, 159, 169, 212, 212, 190, 212, 142, 159, 212, 212,
106, 126, 129, 169, 190, 119, 119, 126, 159, 142, 159, 0
};
code uint8 Song_L [] =
{
    9, 3, 12, 12, 12, 24, 9, 3, 12, 12, 12, 24, 9, 3, 12, 12, 12, 12,
9, 3, 12, 12, 12, 24, 0
};
void delay (uint16 x)
{
    uint16 i, j;
    for (i = x; i>0; i--)
    for (j = 114; j>0; j--);
}
void PlayMusic ()
{
    uint16 i = 0, j, k;
    while (Song_L [i]! = 0 || Song_T [i]! = 0)
    {
        for (j = 0; j<Song_L [i] * 20; j++)
        {
            BUZZER = ~BUZZER;
            for (k = 0; k<Song_T [i] /3; k++);
        }
        delay (10);
        i++;
    }
}
void main ()
{
    P1 = 0xFF;
    while (1)
    {
```

```
    PlayMusic ();
    delay (100);
  }
}
```

5. 运行效果

加载 Keil μVision4 编译生成的 .hex 文件后，在 Proteus 中点击"仿真开始"按键，开始循环播放《祝你生日快乐》乐曲。

6. 电路与程序分析

1）电路分析

简易音乐播放器控制系统的发声器件是蜂鸣器。蜂鸣器由振动装置和谐振装置组成，按驱动方式分为无源他激型与有源自激型。无源他激型蜂鸣器的发声原理是方波信号输入谐振装置转换为声音信号输出。有源自激型蜂鸣器的发声原理是直流电源输入，经过振荡系统的放大取样电路，在谐振装置作用下产生声音信号。因为蜂鸣器内部有一个简单的振荡电路，可以把恒定的直流电转变成一定频率的脉冲信号，从而产生磁场交变，带动钼片振动发出声音。

Proteus 中蜂鸣器的选择如图 5-3 所示。为了让蜂鸣器发声，选择有源蜂鸣器，

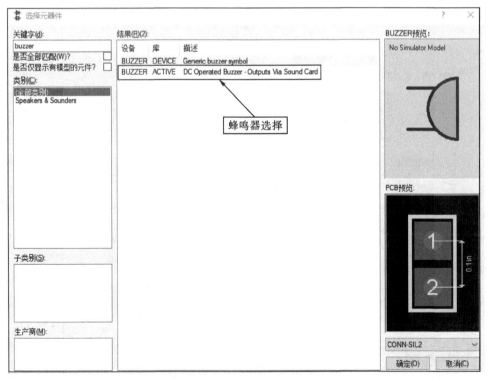

图 5-3　Proteus 中蜂鸣器的选择

通过直流操作回路由计算机声卡发声。单片机 I/O 引脚输出的电压较小，基本驱动不了蜂鸣器，需要增加一个放大电路，此简易音乐播放器控制系统采用三极管放大信号，NPN 管的发射极接蜂鸣器的正端，蜂鸣器负端直接接地，NPN 管的基极通过 1 kΩ 的电阻接到 I/O 口（P1.2），集电极直接接到电源 VCC。蜂鸣器属性设置如图 5-4 所示，在 Proteus 原理图中双击蜂鸣器，弹出元器件属性对话框，调整蜂鸣器的驱动电压，例如将默认的 12 V 改为 2 V。

图 5-4　蜂鸣器属性设置

在 Proteus 里发声器件有 BUZZER、SPEAKER、SOUNDER。SOUNDER 是数字蜂鸣器；SPEAKER 用于模拟信号的仿真；BUZZER 是直流驱动的蜂鸣器，默认驱动电压是 12 V，此电压可以调节。

2）功能扩展

电路中添加一个按键，可以选择不同的乐曲。

5.3　电子相册

1. 设计要求

以单片机为核心器件设计电子相册控制系统，在 AMPIRE128×64 液晶屏上显示图片。

2. 原理图

电子相册控制系统原理图如图 5-5 所示。

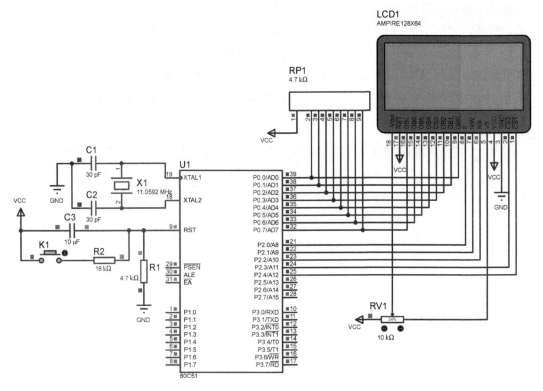

图 5-5　电子相册控制系统原理图

3. 电路中的元器件

电子相册控制系统中的元器件如表 5-3 所示。

表 5-3　电子相册控制系统中的元器件列表

元器件名称	Proteus 中元器件名称
电阻	RES
电容	CAP
晶振	CRYSTAL
按键	BUTTON
AMPIRE 128×64 液晶显示器	AMPIRE 128×64
80C51 单片机	80C51
滑动变电阻	POT-HG
电阻排	RESPACK

4. 软件实现

电子相册控制系统程序主要由液晶判忙、写数据、写指令、初始化和显示等子函数组成。具体代码如下：

```
#include<reg51. h>
#include "l1. h"
#include "l2. h"
#include "l3. h"
#include "l4. h"
#define LCD P0
#define uint unsigned int
#define uchar unsigned char
unsigned char a, i, j, k;
int b;
sbit E = P2^0;
sbit RW = P2^1;
sbit RS = P2^2;
sbit CS2 = P2^3;
sbit CS1 = P2^4;
sbit BUSY = P0^0;
void DelayMS (uint ms)    //延时函数
{
  uchar i;
  while (ms − −)
  {
    for (i = 0; i<120; i + +);
  }
}
void checkbusy ()    //判忙函数
{
  RS = 0;
  RW = 1;
  E = 1;
  LCD = 0xFF;
  if (BUSY);
  return;
}
writecode (unsigned char dat) //写指令函数
{
  checkbusy ();
  E = 1;
```

```
        RW = 0;
        RS = 0;
        LCD = dat;
        E = 1;
        E = 0;
    }
    writedata (unsigned char dat) //写数据函数
    {
        checkbusy ();
        E = 1;
        RW = 0;
        RS = 1;
        LCD = dat;
        E = 1;
        E = 0;
    }
    /* 全屏显示函数 */
    void LCDDisplay (unsigned char page, unsigned char lineaddress, unsigned
char table [8] [128])
    {
        for (i = 0; i<8; i + +)
        {
            if (lineaddress<0x80)
            {
                CS1 = 0;
                CS2 = 0;
            }
            writecode (page + i);
            writecode (lineaddress);
            for (j = 0; j<64; j + +)
            {
                writedata (table [i] [j]);
                lineaddress + = 1;
            }
            if (lineaddress> = 0x80)
            {
                CS1 = 1;
```

```
        CS2 = 0;
        lineaddress = lineaddress - 0x40;
    }
    writecode (page + i);
    writecode (lineaddress);
    for (j = 64; j<128; j++)
    {
        writedata (table [i] [j]);
        ineaddress + = 1;
    }
    if (lineaddress> = 0x80)
    {
        lineaddress = lineaddress - 0x40;
    }
    }
}
void lcdinti ()    //液晶显示器初始化
{
    writecode (0x3F);
    writecode (0xC0);
    writecode (0xB8);
    writecode (0x40);
}
main ()    //主函数
{
    lcdinti ();
    while (1)
    {
    LCDDisplay (0xb8, 0x40, &a1);
    DelayMS (10);
    LCDDisplay (0xb8, 0x40, &a2);
    DelayMS (10);
    LCDDisplay (0xb8, 0x40, &a3);
    DelayMS (10);
    LCDDisplay (0xb8, 0x40, &a4);
    DelayMS (10);
    }
}
```

5. 运行效果

加载 Keil μVision4 编译生成的 .hex 文件后，在 Proteus 中点击 "仿真开始" 按键，案例中的四张图片延时循环显示，实现电子相册功能。如果是 GIF 图片分解成的多张图像帧延时循环显示，看到的就是一张动态图片。

6. 电路与程序分析

1) 电阻排

电子相册控制系统原理图中的 RESPACK 电阻排是 8 个电阻接在一起，公共端接 VCC。电阻排接在单片机的 P0 口，因为 80C51 单片机 P0 口内部没有上拉电阻，开漏输出最主要的特性就是高电平没有驱动能力，需要借助外部上拉电阻才能真正输出高电平。

2) AMPIRE128×64 液晶显示器

(1) 引脚说明。

电子相册控制系统中使用 AMPIRE128×64 液晶显示器，采用并口通信方式。液晶显示器有 18 个引脚，引脚说明如表 5-4 所示。液晶的 DB0～DB7 引脚与 P0 口相连，用于传送数据，E、R/W、RS 引脚分别与 P2.0、P2.1、P2.2 引脚相连，用于设置写指令与写数据的操作。左半屏片选信号 $\overline{CS1}$、右半屏片选信号 $\overline{CS2}$ 分别与 P2.4、P2.3 引脚相连。

表 5-4 AMPIRE128×64 液晶显示器引脚说明表

引脚号	引脚名	电平	说明
1	$\overline{CS1}$	H/L	片选信号，低电平时选择左半屏
2	$\overline{CS2}$	H/L	片选信号，低电平时选择右半屏
3	GND	0 V	逻辑电源地
4	VCC	5 V	逻辑电源正
5	V0		液晶显示器驱动电压，应用时在 Vout 和 V0 之间加一个可调电阻
6	RS	H/L	数据/指令选择，高电平时，将 DB0～DB7 数据送入显示 RAM；低电平时，将 DB0～DB7 数据送入指令寄存器执行
7	R/W	H/L	读/写选择，高电平时，读数据；低电平时，写数据
8	E	H/L	读写使能，高电平有效，下降沿锁定数据
9～16	DB0～DB7	H/L	数据输入/输出引脚
17	$\overline{RST}$	L	复位信号，低电平有效
18	Vout		液晶显示器驱动电源

(2) 显示原理。

AMPIRE128×64 是汉字图形型液晶显示器，不带中文字库。液晶显示器分为左右两个屏，由两个控制器控制，每个控制器内部有 64×64 位的 RAM（DDRAM）缓冲区。液晶屏显示是由 $\overline{CS1}$、$\overline{CS2}$ 两个信号来控制的，信号电平不同的组合决定了对应的屏幕显示区域，如表 5 - 5 所示。每个半屏有 8 页（每页有 8 行）、64 列，即有 64×64 点，全屏共有 128×64 点。英文字母和汉字都是以点阵形式来显示，每个点用一个二进制数表示，为 1 的点在屏幕上显示一个亮点，为 0 的点在屏幕上不显示，每 8 个点组成 1 个字节。在液晶屏上竖向 8 个点为一页，显示 1 个字节数据。显示一个汉字的 16×16 点阵由 2 个字节组成，每两页显示一行汉字，可显示 4 行，每行可显示 8 个汉字，全屏可显示 32 个汉字。

表 5 - 5　屏幕显示选择表

控制信号$\overline{CS1}$	控制信号$\overline{CS2}$	显示选屏
0	0	全屏
0	1	左半屏
1	0	右半屏
1	1	不选

显示图片时，由于 DB0～DB7 数据是从上到下排列的，若最上面 8 行是上一页，先提取上一页的数据，再提取下一页的数据，从上到下、从左到右进行取码，分别写入对应的显示数据随机存储器（Display Data RAM，DDRAM）地址，如表 5 - 6 所示。自定义英文字母或中文汉字显示前，可以自定义字模，如图 5 - 6、图 5 - 7 所示。或者用取模软件（例如 Image2Lcd）取模，首先将图片调整成大小合适的图片文件，然后进行取模设置，如图 5 - 8 所示，最后保存成适合液晶屏显示的点阵数组。汉字"美"用 Proteus 仿真运行效果，如图 5 - 9 所示。液晶显示动态图片，先要按动作顺序，把图片分解成不同帧的图片（保存成 JPG 格式），如图 5 - 10 所示，再用取模软件对每帧图片进行取模。在编程显示图片时，数据以 8×128 的点阵数组形式送入显示 RAM。不同的图片在液晶屏上依次延时循环显示，即可实现电子相册功能。不同的图像帧在液晶屏上依次延时循环显示，即可实现动态图片（GIF 图片）的显示。

表 5 - 6　DDRAM 的地址与显示位置示意图

	$\overline{CS1}=0$				$\overline{CS2}=0$				
列→	0	1	……	63	0	1	……	63	行↓
PAGE0	DB0 ↓ DB7	DB0 ↓ DB7	DB0 ↓ DB7	DB0 ↓ DB7	DB0 ↓ DB7	DB0 ↓ DB7	DB0 ↓ DB7	DB0 ↓ DB7	0 ↓ 7
PAGE1	DB0	DB0	DB0	DB0	DB0	DB0	DB0	DB0	8
……	……	……	……	……	……	……	……	……	……
PAGE6	DB7	DB7	DB7	DB7	DB7	DB7	DB7	DB7	56
PAGE7	DB0 ↓ DB7	DB0 ↓ DB7	DB0 ↓ DB7	DB0 ↓ DB7	DB0 ↓ DB7	DB0 ↓ DB7	DB0 ↓ DB7	DB0 ↓ DB7	57 ↓ 63

3）电路功能扩展

添加按键，用按键控制实现播放不同的图片、开始播放、暂停播放等功能。

4）运行结果分析

液晶屏上有一些杂乱点，一是取模软件取模时出现的杂乱点，二是编程时液晶清屏处理得不好或显示图片放在 while 循环中导致的。

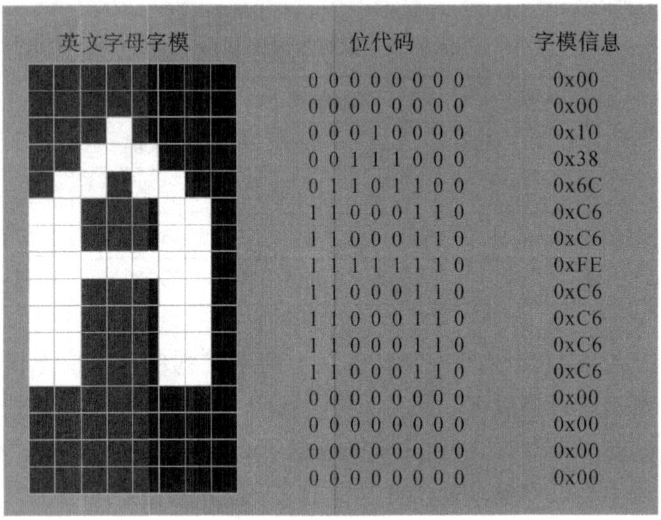

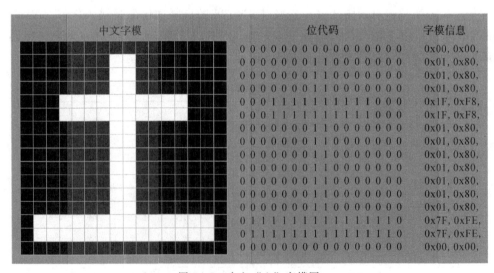

图 5-6 英文字母"A"字模图

图 5-7 中文"土"字模图

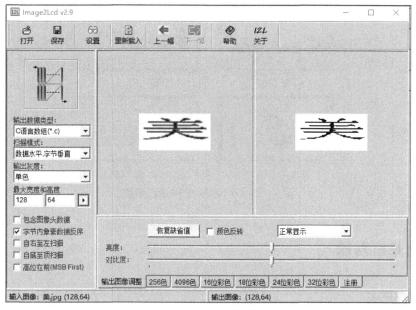

图 5 - 8　图片取模设置

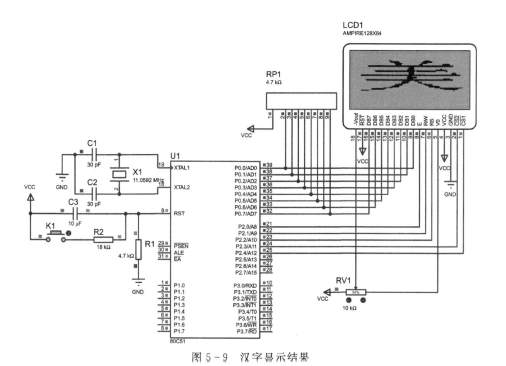

图 5 - 9　汉字显示结果

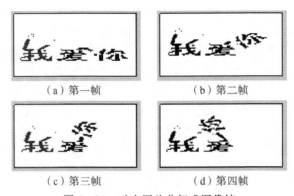

（a）第一帧 　　　　　 （b）第二帧

（c）第三帧 　　　　　 （d）第四帧

图 5-10　动态图片分解成图像帧

5.4　简易密码锁

1. 设计要求

以单片机为核心芯片设计简易密码锁控制系统，用数码管显示 4×4 矩阵键盘输入的密码信息，密码正确时蜂鸣器鸣响提示。

2. 电路原理图

简易密码锁控制系统原理图如图 5-11 所示。

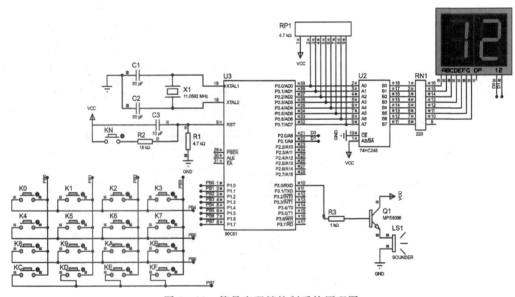

图 5-11　简易密码锁控制系统原理图

3. 电路中的元器件

简易密码锁控制系统中的元器件如表 5-7 所示。

表 5-7　简易密码锁控制系统中的元器件列表

元器件名称	Proteus 中元器件名称
电阻	RES
电容	CAP
晶振	CRYSTAL
蜂鸣器	SOUNDER
电阻排	RESPACK - 8
三极管	NPN
按键	BUTTON
总线收发器	74HC245
数码管	7SEG - MP×2 - CC
双向电阻排	R×8
80C51 单片机	80C51

4. 软件实现

1) 实现功能

(1) 键盘扫描。

(2) 数码管显示。

2) 源程序

```c
#include <reg51.h>
#define uint unsigned int
typedef unsigned char uint8;
typedef unsigned int uint16;
sbit BUZ = P3^0;
uint shuzi;
code uint8 LED _ CODE [] = {0x3F, 0x06, 0x5B, 0x4F, 0x66, 0x6D, 0x7D,
0x07, 0x7F, 0x6F, 0x77, 0x7C, 0x39, 0x5E, 0x79, 0x71};
uint8 Pre _ KeyNO = 16, KeyNO = 16;
void delay ()    //延时函数
{
  uint i, j;
  for (i = 0; i<20; i + +)
    for (j = 0; j<20; j + +);
}
void Beep ()    //蜂鸣器
```

```
{
  BUZ = 0;
  delay ();
  BUZ = ~BUZ;
}
void Keys _ Scan ()    //键盘扫描函数
{
  uint8 Tmp;
  P1 = 0x0f;
  delay ();
  Tmp = P1 ^ 0x0f;    //高 4 位输出，低 4 位输入
  switch (Tmp)
  {
    case 1: KeyNO = 0; break;
    case 2: KeyNO = 1; break;
    case 4: KeyNO = 2; break;
    case 8: KeyNO = 3; break;
    default: KeyNO = 16;
  }
  P1 = 0xf0;
  delay ();
  Tmp = P1 >> 4 ^ 0x0f;    //高 4 位输出，低 4 位输入
  switch (Tmp)
  {
    case 1: KeyNO + = 0; break;
    case 2: KeyNO + = 4; break;
    case 4: KeyNO + = 8; break;
    case 8: KeyNO + = 12;
  }
}
void main ()    //主函数
{
  P0 = 0xff;
  while (1)
  {
    P1 = 0xf0;
    if (P1 ! = 0xf0)
```

```
Keys _ Scan ();
P2 = 0x02;
P0 = LED _ CODE [KeyNO/10];
delay ();
P2 = 0x01;
P0 = LED _ CODE [KeyNO％10];
delay ();
Pre _ KeyNO = KeyNO;
shuzi = Pre _ KeyNO;
if (shuzi = = 12)
Beep ();
    }
}
```

5. 运行效果

加载 Keil μVision4 编译生成的 . hex 文件后，在 Proteus 中点击 "仿真开始" 按键，数码管显示按键输入的密码，当输入的密码为 "12" 时，蜂鸣器鸣响。

6. 电路与程序分析

1）按键消抖

数码管显示按键输入的密码信息。仿真运行时，如果按键反应不灵敏，检查按键消抖程序，选择合适的延时时间。

2）数码管

数码管是一种半导体发光器件，其基本单元是发光二极管。数码管按段数分为七段数码管和八段数码管，八段数码管比七段数码管多一个发光二极管单元（即小数点显示）；按发光二极管单元的连接方式分为共阴极数码管和共阳极数码管。一位数码管有 10 个引脚，显示一个 8 字形需要 7 个小段，还有一个小数点，另外还有两个公共端（COM），如图 5 - 12（a）所示。

共阴数码管是指将所有发光二极管的阴极接到一起，公共端接地，如图 5 - 12（b）所示。当某一字段发光二极管的阳极为高电平时，相应字段被点亮；发光二极管的阳极为低电平时，相应字段不亮。

共阳数码管是指将所有发光二极管的阳极接到一起，公共端接+5 V，如图 5 - 12（c）所示，当某一字段发光二极管的阴极为低电平时，相应字段被点亮；阴极为高电平时，相应字段不亮。

共阴极和共阳极数码管的编码如表 5 - 8 所示。

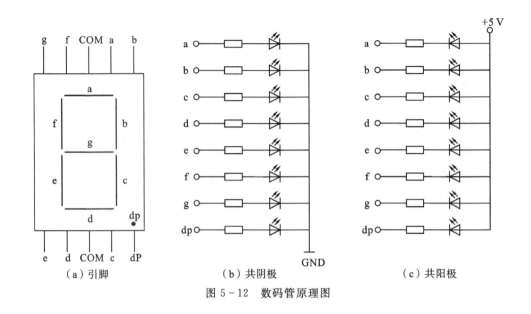

图 5-12　数码管原理图

表 5-8　共阴极和共阳极数码管的编码表

显示数字	共阴极数码管		共阳极数码管	
（十进制）	dp g f e d c b a	十六进制	dp g f e d c b a	十六进制
0	00111111	3FH	11000000	C0H
1	00000110	06H	11111001	F9H
2	01011011	5BH	10100100	A4H
3	01001111	4FH	10110000	B0H
4	01100110	66H	10011001	99H
5	01101101	6DH	10010010	92H
6	01111101	7DH	10000010	82H
7	00000111	07H	11111000	F8H
8	01111111	7FH	10000000	80H
9	01101111	6FH	10010000	90H

（1）静态显示方式。

数码管静态显示时，每一位数码管显示需要一个 8 位 I/O 口控制，且该 I/O 口须有锁存功能，N 位显示需要 N 个 8 位 I/O 口，公共端可直接接＋5 V（共阳）或接地（共阴）。数码管显示时，每一位字段码分别从 I/O 控制口输出，保持不变，直至 CPU 刷新显示为止。静态显示方式编程较简单，显示稳定，数码管驱动电流较小，但占用 I/O 端线多，即软件简单、硬件成本高，一般适用显示位数较少的场合。

（2）动态显示方式。

数码管动态扫描显示电路是将显示各位的所有相同字段线连在一起，每一位的 a~g、

dp 共 8 段连在一起，由一个 8 位 I/O 口控制，而每一位数码管的公共端，由另一个 I/O 口控制。在某一瞬时，只让某一位数码管的位选线处于选通状态，其他各位数码管的位选线处于关断状态，同时段选线上输出该位数码管要显示的相应字符的字段码。在某一瞬时，只有某一位数码管在显示，其他位的数码管不显示。同理，在下一瞬时，单独显示下一位，这样依次循环扫描，轮流显示，由于视觉的滞留效应，看到的是多位数码管同时稳定显示。动态扫描显示电路占用 I/O 端线少，电路较简单，硬件成本低，软件编程较复杂，CPU 要定时扫描刷新显示。当要求显示位数较多时，通常采用动态扫描显示方式。

数码管不同位显示的时间间隔可以通过调整延时程序的延时长短来完成。数码管显示的时间间隔也能够确定数码管显示时的亮度，若显示的时间间隔长，显示时数码管的亮度将亮一些；若显示的时间间隔短，显示时数码管的亮度将暗一些。若显示的时间间隔过长的话，数码管显示时将产生闪烁现象。在调整显示的时间间隔时，既要考虑数码管显示时的亮度，又要兼顾数码管显示时不产生闪烁现象。

3）键盘

按照按键连接方式，键盘可分为独立式按键和矩阵式键盘。键盘使用时有抖动现象（见图 5-13），需要进行消抖处理，消除按键抖动的方法有硬件和软件两种。硬件去抖动是利用双稳电路、单稳电路和 RC 滤波电路；软件去抖动采用延时，例如延时 10 ms 后再确认按键是否确实被按下。

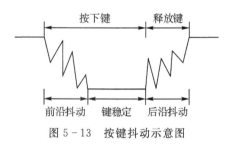

图 5-13　按键抖动示意图

（1）独立式按键。

独立式按键是直接用 I/O 端线构成单个按键电路，每个按键占用一根 I/O 端线，每根 I/O 端线上的按键工作状态不会影响其他 I/O 端线上按键的工作状态。独立式按键电路配置灵活，软件结构简单，但每个按键必须占用一个 I/O 端线，因此，不宜用于按键较多的系统。单片机控制系统中，如果只需要几个功能键时，可采用独立式按键。

在编写程序时，常采用查询式结构获取独立式按键信息。即先逐位查询每根 I/O 端线的输入状态，例如，某一根 I/O 端线输入为低电平，则可确认该 I/O 端线所对应的按键已按下，然后再转向该键的功能处理程序。

（2）矩阵式键盘。

矩阵式键盘又称行列式键盘，I/O 端线分为行线和列线，在行线和列线的每个交叉点上设置一个按键。按键按下时，行线与列线连通，输出键信号。其特点是占用 I/O 端线较少，但需要定时扫描获取键信号，软件编程较复杂，适用于按键较多的场合。

4×4 矩阵键盘中的每个按键都接了两个电平，按键按下时，与此键相连的行线与列线导通，行线在无按键按下时处在高电平，如果所有的列线都处在高电平，则按键按下与否不会引起行线电平的变化，因此必须在列线处在低电平，当有按键按下时，修改按键行电平由高变低，才能判断相应的行有键按下。

例如，图 5-11 中的 4×4 矩阵键盘，列线对应单片机 P1 口的低 4 位，行线对应单片机 P1 口的高 4 位。当按键按下时，改变了 P1 端口中两个引脚的电位，向两个引脚发出信号，单片机 P1 口的高 4 位和低 4 位会接收到信号变化，不同的按键一一对应高 4 位和低 4 位相应的组合输出，从而单片机确定是哪个按键发出的响应。确定矩阵式键盘上任何一个键被按下通常采用行扫描法，行扫描法又称为逐行查询法，它是一种最常用的多按键识别方法。因此，下面就以行扫描法为例介绍矩阵式键盘的工作原理。

首先，判断是否有键按下？具体方法：不断循环地给 P1 口低 4 位独立的低电平，然后判断键盘中有无键按下。将低 4 位中其中一列线（P1.0～P1.3）置低电平，然后检测高 4 位行线的状态（P1.4～P1.7），只要有一行线的电平为低，就延时一段时间消除抖动；然后再次判断，假如依然为低电平，则表示键盘中真的有键被按下，闭合的键位于低电平的 4 个按键之中；若所有行线均为高电平则表示键盘中无键按下。其次，判断闭合键所在的具体位置。在确认有键按下后，确定是哪一个键被按下，具体方法：依次将列线置为低电平，注意在置某一根列线为低电平时，其他列线为高电平；同时再逐行检测各行线的电平状态，若某行为低，则该行线与置为低电平的列线交叉处的按键就是闭合的按键。

4）74HC245

74HC245 是一种在单片机系统中常用的驱动器，它是兼容 TTL 器件引脚的高速总线收发器，典型的 CMOS 型三态缓冲门电路，八路信号收发器。单片机的 I/O 口本身的驱动电流较小，可以使用 74HC245 来增强 I/O 口的驱动能力。74HC245 的引脚图如图 5-14 所示。

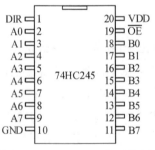

图 5-14　74HC245 的引脚图

（1）引脚功能。

①引脚 1（DIR）：用于输入输出端口转换，DIR＝1 高电平时，信号由 A 端输入 B 端输出；DIR＝0 低电平时，信号由 B 端输入 A 端输出。

②引脚 2～9（A 信号输入输出端）：A0～A7 分别对应 B0～B7，如果 DIR 为 1 且

$\overline{OE}$ 为 0，则 An 输入 Bn 输出；如果 DIR 和 $\overline{OE}$ 为 0，则 Bn 输入 An 输出。

③引脚 11～18（B 信号输入输出端）：功能与 A 端一样。

④引脚 19（$\overline{OE}$）：$\overline{OE}$ 为使能端，若该引脚为 1，A/B 端的信号将不导通；若该引脚为 0，A/B 端被启用。该引脚起到开关的作用。

⑤引脚 10（GND）：电源地。

⑥引脚 20（VDD）：电源正极。

（2）真值表。

74HC245 功能真值表如表 5－9 所示。

表 5－9　74HC245 功能真值表

输出使能 $\overline{OE}$	输出控制 DIR	工作状态
0	0	Bn 输入 An 输出
0	1	An 输入 Bn 输出
1		高阻态

5）功能扩展

电路中的两位数码管换成多位数码管或 LM016L 液晶模块，用于显示更多位数的密码。

LM016L 模块是字符型液晶模块，引脚如图 5－15 所示，LM016L 液晶模块引脚说明如表 5－10 所示。VEE 接＋5 V 时对比度最弱，接地时对比度最高（对比度过高时会产生"鬼影"），使用时可以通过一个电位器调整对比度；RS 为高电平时选择数据寄存器，低电平时选择指令寄存器；RW 为高电平时进行读操作，低电平时进行写操作；E 下降沿使能；D0～D7 为 8 位数据端。

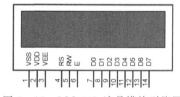

图 5－15　LM016L 液晶模块引脚图

表 5－10　LM016L 液晶模块引脚说明

引脚号	引脚名称	功能说明
1	VSS	电源地
2	VDD	电源正极（＋5 V）
3	VEE	液晶显示对比度调节端
4	RS	寄存器选择端（H/L）
5	RW	读/写选择端（H/L）
6	E	使能端
7～14	D0～D7	8 位数据端

LM016L 液晶模块采用 HD44780 控制器，内部包含可存储 80 个字节的显示 RAM。如表 5-11 所示，第一行存储器地址范围 0x00～0x0F 与字符在 LM016L 液晶屏第一行显示位置对应，第二行存储器地址范围 0x40～0x4F 与字符在 LM016L 液晶屏第二行显示位置对应，每行多出来的地址是为了显示移动字幕。LM016L 液晶模块内部的字符发生器已经存储了 160 个不同的点阵字符图形，每个字符都有一个固定的编码，显示字符时，先输入显示字符的地址，再输入字符的代码，例如大写英文字母"A"的代码是 01000001（41H），显示时液晶模块把地址 41H 中的点阵字符图形显示出来，就可以看到字符"A"了。LM016L 液晶模块识别的是 ASCⅡ码，单片机系统程序设计时，可以直接用 ASCⅡ码赋值，常用操作符和字符的二进制 ASCⅡ码如表 5-12 所示。

表 5-11　LM016L 液晶模块的显示 RAM 地址

00	01	02	03	04	05	06	07	08	09	0A	0B	0C	0D	0E	0F	10	……	27
40	41	42	43	44	45	46	47	48	49	4A	4B	4C	4D	4E	4F	50	……	67

表 5-12　常用操作符和字符的二进制 ASCⅡ码表

低位	高位							
	0000	0001	0010	0011	0100	0101	0110	0111
0000	NUL	DLE	SP	0	@	P	、	p
0001	SOH	DC1	!	1	A	Q	a	q
0010	STX	DC2	"	2	B	R	b	r
0011	ETX	DC3	#	3	C	S	c	s
0100	EOT	DC4	$	4	D	T	d	t
0101	ENQ	NAK	%	5	E	U	e	u
0110	ACK	SYN	&	6	F	V	f	v
0111	BEL	ETB	,	7	G	W	g	w
1000	BS	CAN	)	8	H	X	h	x
1001	HT	EM	(	9	I	Y	i	y
1010	LF	SUB	*	:	J	Z	j	z
1011	VT	ESC	+	;	K	〔	k	{
1100	FF	FS	'	<	L	\	l	|
1101	CR	GS	—	=	M	〕	m	}

续表

低位	高位							
	0000	0001	0010	0011	0100	0101	0110	0111
1110	SO	RS	.	>	N	^	n	~
1111	SI	US	/	?	O	_	o	DEL

注：NUL—Null，空字符；SOH—Start of Headling，标题开始；STX—Start of Text，正文开始；EXT—End of Text，正文结束；EOT—End of Transmission，传输结束；ENQ—Enquiry，请求；ACK—Acknowledge，收到通知；BEL—Bell，响铃；BS—Backspace，退格；HT—Horizontal Tab，水平制表符；LF—Line Feed 换行键；VT—Vertical Tab，垂直制表符；FF—Form Feed，换页键；CR—Carriage Return，回车键；SO—Shift Out，不用切换；SI—Shift In，启用切换；DLE—Data Link Escape，数据链路转义；DC1—Device Control 1，设备控制 1；DC2—Device Control 2，设备控制 2；DC3—Device Control 3，设备控制 3；DC4—Device Control 4，设备控制 4；NAK—Negative Acknowledge，拒绝接收；SYN—Synchronous Idle，同步空闲；ETB—End of Transmission Block，块传输终止；CAN—Cancel，取消；EM—End of Medium，介质中断；SUB—Substitute，替补；ESC—Escape，溢出；FS—File Separator，文件分割符；GS—Group Separator，组分隔符；RS—Record Separator，记录分离符；US—Unit Separator，单元分隔符；SP—Space，空格；DEL—Delete，删除。

液晶模块的数据端口 D0～D7 接在 80C51 单片机的 P0 口时，需要接上拉电阻。LM016L 液晶显示模块 4×4 矩阵按键信息电路，如图 5-16 所示。

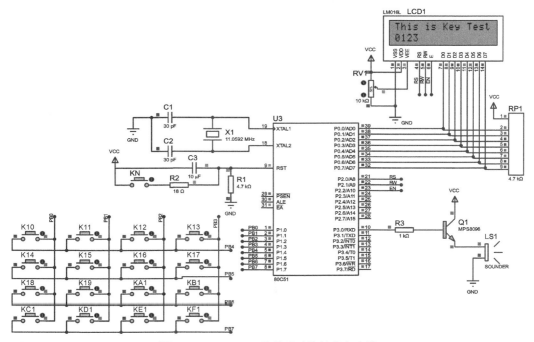

图 5-16　LM016L 液晶显示按键信息电路

5.5 实验训练

1. 实验目的

(1) 掌握电子线路系统设计原理、方法和设计技巧。

(2) 掌握单片机应用系统电路设计、编程和仿真调试以及开发工具的使用。

2. 实验内容

按个人兴趣设计一个单片机应用系统，或者实现参考方案中的一个方案。利用 Keil μVision4 和 Proteus 联合应用，实现编程与仿真调试。设计的单片机应用系统功能清晰且实用，系统必须包含的主要模块：单片机、液晶屏、数码管、4×4 矩阵键盘或几个独立按键四大模块。有音乐需求时，添加蜂鸣器；有其他需求时，增加相应的模块。

参考方案：

方案 1：简易计算器。

要求采用单片机作为控制系统的核心部件，设计简易计算器。计算器能进行加减乘除等运算，按键"ON/OFF"对应"开始/结束"，用一个功能键切换显示当前时间（时-分-秒）。

方案 2：电子密码锁。

要求采用单片机作为控制系统的核心部件，设计电子密码锁。用键盘输入 4 位密码（采用 4×4 矩阵键盘，组成 0～9 数字键、确认键、删除键、设置密码键等），当 4 位密码输入结束后，如果密码正确，开锁（设计模拟开锁动作）；如果密码错误，蜂鸣器鸣响报警（设计某一音乐作为报警铃声）。

方案 3：电子琴。

要求采用单片机作为控制系统的核心部件，设计电子琴。可以播放存放在库里的乐曲（库里至少存三首歌曲），可以用键盘弹奏乐曲，液晶屏上显示乐曲名；在没有播放和弹奏乐曲时，液晶屏显示开机画面（静态图片或动态图片）。

方案 4：游戏机。

要求采用单片机作为控制系统的核心部件，设计一款游戏机。游戏画面清晰，按键灵敏，有游戏开始键和游戏结束条件，能玩得顺畅不卡顿，具体操作按照设计的游戏规则进行。

方案 5：温度检测系统。

要求采用单片机作为温度检测系统的核心部件，设计温度检测系统。温度检测系统由温度信号采集、显示等部分组成，温度超过设定温度范围时蜂鸣器鸣响报警。

第二部分
基于 C8051F020 的智能控制系统设计与实现

第二部分主要介绍了 C8051F020 单片机的内部结构和基于 C8051F020 的智能控制系统的硬件设计与软件实现，重点训练了基于 C8051F020 单片机的频率检测系统、模拟直升机垂直升降控制系统以及温度控制系统的设计与实现。通过实体实验板的训练，帮助学生加深对理论知识的理解，同时进行设计型和创新型实验项目的训练，培养和进一步提升学生的动手能力、分析和解决控制系统应用的能力。

第6章 智能控制器

6.1 智能控制器系统结构

　　本书中的智能控制器是主编依据多年的实验教学经验研制的一款实验教学设备。该智能控制器是以 C8051F020 单片机为核心部件，增加了按键模块、数码管和液晶屏显示模块、A/D 和 D/A 输入输出信号调理电路等。智能控制器系统框图如图 6-1 所示，智能控制器实验板实物如图 6-2 所示。

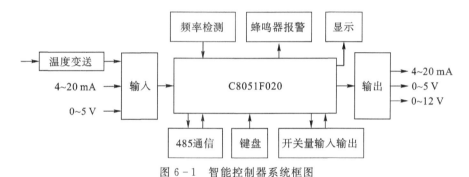

图 6-1　智能控制器系统框图

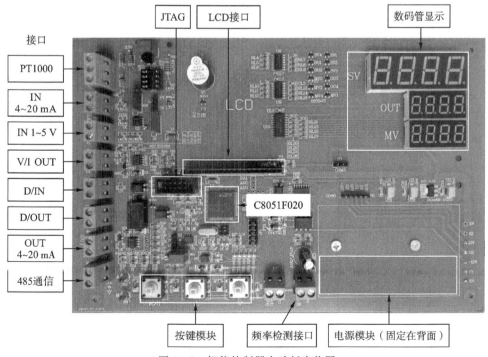

图 6-2　智能控制器实验板实物图

1. C8051F020 单片机简介

C8051F 系列单片机是美国 Silabs 公司把 80C51 系列单片机从微控制器（Micro Controller Unit，MCU）时代推向片上系统（System on Chip，SOC）时代的产物，使得以 8051 为内核的单片机上了一个新台阶。C8051F020 单片机是一种混合信号系统级 MCU 芯片，片内含 CIP - 51 的 CPU 内核，其指令系统与 MCS - 51 完全兼容；支持双时钟，工作电压为 2.7～3.6 V。

1）C8051F020 单片机内部结构

C8051F020 单片机的内部结构如图 6 - 3 所示。C8051F020 单片机以 8051 内核为中心，通过特殊功能寄存器（Special Function Register，SFR）总线、外部数据存储器总线、系统时钟线、复位线等与 64 KB 闪存、数字功能模块（如通用异步接收发送设备（Universal Asynchronous Receiver/Transmitter，UART）、串行外设接口（Serial Peripheral Interface，SPI）、定时器等）、模拟功能模块（如比较器、模数转换、数模转换等）、片上时钟系统和联合测试工作组（Joint Test Action Group，JTAG）逻辑电路等相连。片内 JTAG 调试电路允许安装在应用系统上的产品对 MCU 进行非侵入式、全速、在系统调试。单片机的 64 个数字 I/O 引脚能够处理繁杂的键盘与液晶显示任务，增强了单片机对外围接口的处理能力。

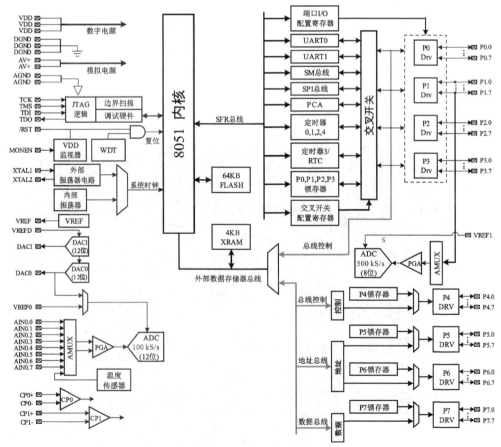

图 6 - 3　C8051F020 内部结构框图

2）C8051F020 单片机特性

C8051F020 单片机的主要特性：

（1）具有高速、流水线结构的 8051 兼容的 CIP－51 内核。

（2）具有全速、非侵入式的在系统调试接口 JTAG。

（3）具有 64 KB 可在系统编程的 FLASH 存储器。

（4）具有 4352（4096＋256）B 的片内 RAM。

（5）具有可寻址 64 KB 地址空间的外部数据存储器接口。

（6）具有真正 12 位 100 kS/s 的 8 通道模数转换器（Anglog－to－Digital Conversion，ADC）ADC0，带插针阵列封装（Pin Grid Array，PGA）和模拟多路开关。

（7）具有真正 8 位 500 kS/s 的模数转换器（Anglog－to－Digital Conversion，ADC）ADC1，带 PGA 和 8 通道模拟多路开关。

（8）具有两个 12 位数模转换器（Digital－to－Analog Conversion，DAC）DAC0 和 DAC1，具有可编程数据更新方式。

（9）具有硬件实现的 SPI 总线、系统管理（System Management，SM）总线和两个 UART 串行接口 UART0、UART1。

（10）具有 5 个通用的 16 位定时器。

（11）具有 5 个捕捉/比较模块的可编程计数器（Programmable Counter Array，PCA）/定时器阵列。

（12）具有片内看门狗定时器、VDD 监视器和温度传感器。

（13）具有片内 VDD 监视器、看门狗定时器和时钟振荡器。

总之，具有以上元器件并能实现相应功能的 C8051F020 是真正能独立工作的片上系统。

3）引脚说明

基于 C8051F020 单片机的特性，智能控制器在设计时，选取该单片机作为控制、计算、显示的核心部件。C8051F020 单片机有 100 个引脚，封装为 QFP100，其引脚如图 6－4 所示。C8051F020 单片机低端口（P0、P1、P2、P3）既可以按位寻址，也可以按字节寻址，高端口（P4、P5、P6、P7）只能按字节寻址，所有引脚都可以被配置为开漏或推挽输出方式。C8051F020 单片机有大量的数字资源需要通过 P0、P1、P2 和 P3 端口才能使用。P0、P1、P2 和 P3 中的每个引脚既可定义为通用的 I/O 端口引脚，也可以分配给一个数字外设或功能（例如：UART0 或 INT1）。这种资源分配的灵活性是通过优先权交叉开关实现的。

交叉开关按优先权顺序将端口 P0、P1、P2、P3 引脚分配给单片机的数字外设（UART、SM 总线、PCA、定时器等），端口引脚的分配顺序是从 P0.0 开始，可以一直分配到 P3.7。当交叉开关配置寄存器 XBR0、XBR1 和 XBR2 中外设的对应允许位被设置为逻辑"1"时，交叉开关将端口引脚分配给外设。因为 UART0 有最高优先权，所以当 UART0EN 位被设置为逻辑"1"时，其引脚将总是被分配到 P0.0 和 P0.1。被交叉开关分配的端口引脚输出状态受数字外设的控制，向端口寄存器（或相关端口位）

写入时，对引脚的状态没有影响，但在执行"读—修改—写"的读周期时，所读的值是端口数据寄存器的内容，而不是端口引脚的状态。因为交叉开关寄存器影响外设的引脚分配，所以在外设被配置前，由系统的端口初始化代码对其进行配置。一旦端口在初始化时进行了交叉开关配置，则在程序运行过程中，不再对其重新编程。

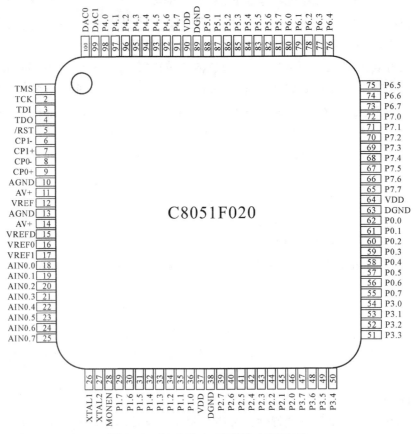

图 6-4   C8051F020 引脚图（QFP100）

2. 按键与显示电路

1) 数码管显示电路

智能控制器设置了三组四位数码管，其中一组数码管的显示电路，如图6-5所示。三组数码管的段选信号 Q0~Q7，通过 74HC245 分别接在单片机的 P7.0~P7.7 引脚，三组共 12 位数码管的位选信号 LED21~LED24、LED25~LED28、LED29~LED32，通过 7407 驱动器分别接在单片机的 P5.0~P5.3、P5.4~P5.7、P6.0~P6.3 引脚。数码管采用动态扫描显示方式，数码管为共阳极接法，位选信号为逻辑"0"，表示该位对应的数码管被选中。数码管显示内容由段选信号决定，利用视觉暂留可以分时复用 P7 端口，来点亮特定的数码管，显示对应的数字。在实际应用中，采用两种方式可以达成视觉暂留效果。一种方式是在程序中设置延时，来制造视觉暂留。若程序在一次循环中需要执行很多指令，执行的时间超过视觉暂留时间，则会感到数码管在闪烁，严重影响显示效果。在这种情况下，可以考虑另一种方式，采用定时器中断进行特定周期的触发以达成稳定显示。

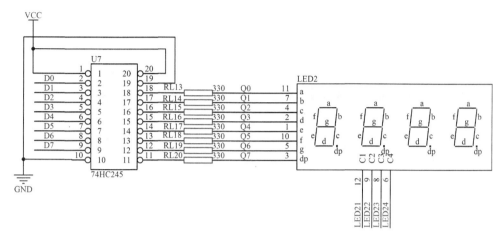

图 6 - 5　数码管显示电路

2）按键电路

智能控制器的按键电路，如图 6 - 6 所示。三个按键信号 A8、A9、A10 分别接在 C8051F020 单片机的 P5.0、P5.1、P5.2 引脚，中断信号 INT1 接在 P0.3 引脚。按键由外部中断信号触发，低电平有效，按键按下触发中断，进入按键中断服务程序，完成一定功能后再回到中断前正在执行的程序。

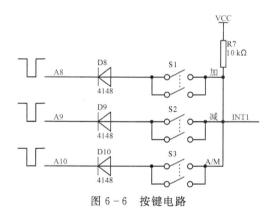

图 6 - 6　按键电路

如何判断是三个按键中的哪一个键被按下？按键中断信号和数码管复用 P5 的低三位引脚，这不是一个巧合或者设计失误，而是一种检测方式。假设某一按键按下，P5 对应的位置为逻辑 "0"，此时这条线路形成通路，才能将低电平信号和 INT1 连通。如果在按键扫描时，让 P5 的三个端口状态轮流为逻辑 "0"，读取 P5 端口的值，就可以建立 P5 端口和三个按键的一一对应关系。共阳极数码管显示的位选是轮流使能的过程，故将数码管的位选端口与 INT1 的端口复用。

INT1 端口对应的 P0.3 端口，在应用前需要由交叉开关进行设置。交叉开关是 C8051F020 中端口配置的特色，可以通过交叉开关寄存器来控制端口为普通的数据输入输出端口，还是具有特定功能的端口。P0、P1 等的全部或部分端口被交叉开关配置成推挽模式，以保证正常输出。智能控制器端口配置的代码如下：

```
void PORT _ Init (void)
{
    XBR1 | = 0x14；    //设置 XBR1，允许 INT1 连接到 P0.3 引脚
    XBR2 | = 0x44；    //设置 XBR2，使能交叉开关和 UART1、INT1
    P0MDOUT | = 0xFF；  //设置 P0 端口推挽模式输出
    P1MDOUT | = 0x38；  //设置 P1.3、P1.4、P1.5 为推挽模式输出
    P7OUT | = 0x01；    //设置 P4 低 4 位为推挽模式输出
    P4& = 0xfd；    //设置 P4.1 为 0
}
```

P0.3 端口经过交叉开关的配置，读取 P5 端口低三位的状态，可以判定三个按键中哪一个按键被按下。但若数码管显示与按键的功能分开，则需要单独设置 P5 来保证按键使能。数码管关闭时，设置 P5 端口扫描的代码如下：

```
void Button _ Able (void)
{
    P5 = 0xFB; Delay (5);
    P5 = 0xFD; Delay (5);
    P5 = 0xFE; Delay (5);
}
```

3）液晶显示电路

图 6 - 7 液晶显示电路中，智能控制器选用 HS12864 - 15B 汉字图形型液晶模块，带中文字库。液晶显示采用串口通信模式，可以显示字母、数字符号、中文字形及图形，具有图形及文字混合显示功能。该液晶模块共有 20 个引脚，E、RW、RS 分别接在单片机的 P1.3、P1.4、P1.5 引脚，引脚说明如表 6 - 1 所示，没有列出的引脚是空接状态。P1.3、P1.4、P1.5 引脚在系统端口初始化时被设置为推挽模式，一旦端口在初始化时进行了交叉开关配置，则在程序运行过程中，不能对端口进行修改。RW 引脚（P1.4）在端口初始化时被配置成推挽输出，则不能读取 LCD 返回的数据。如果需要液晶显示温度变化曲线，编写程序时可设置一个"虚拟屏幕"，对数据处理后，再刷新到真实的液晶屏显示。

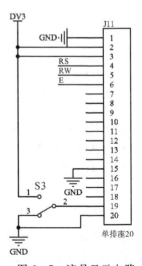

图 6 - 7 液晶显示电路

表 6－1　HS12864－15B 液晶模块引脚说明表

引脚号	名称	电平	功能
1	GND	0 V	电源地
2	VCC	+5 V	模块电源输入
3	V0	—	对比度（亮度）调整
4	RS	H/L	片选端口，高电平有效
5	RW	H/L	串行数据线
6	E	H/L	串行时钟输入
15	PSB	L	L：串口方式
17	RST	H/L	复位端口，低电平有效
19	A	VDD	背光电压
20	K	GND	背光源负端 0V

（1）字符显示 RAM（Display Data RAM，DDRAM）。

HS12864－15B 液晶模块的控制 IC 为 ST7920。ST7920 内置 2 Mb 字符发生器 ROM（Character Generator ROM，CGROM），总共提供 8192 个中文字模（16×16 点阵）；16 Kb 半宽字型 ROM（Half Character Generator ROM，HCGROM），总共提供 126 个符号字模（16×8 点阵）；64×16 b 字符发生器 RAM（Character Generator RAM，CGRAM），用来用户自定义字模。显示中文字符时将 16 位数据送入 DDRAM 中，先写高 8 位（D16～D8），再写低 8 位（D7～D0），可显示 4 行，每行显示 8 个汉字，共显示 32 个汉字。DDRAM 在液晶模块中的地址为 80H～9FH，DDRAM 地址与字符在屏幕上的显示区域是一一对应的关系，如表 6－2 所示。

表 6－2　DDRAM 地址与显示区域对应关系表

项目	列 1	列 2	列 3	列 4	列 5	列 6	列 7	列 8
行 1	80H	81H	82H	83H	84H	85H	86H	87H
行 2	90H	91H	92H	93H	94H	95H	96H	97H
行 3	88H	89H	8AH	8BH	8CH	8DH	8EH	8FH
行 4	98H	99H	9AH	9BH	9CH	9DH	9EH	9FH

（2）图形显示 RAM（Graphical Display RAM，GDRAM）。

GDRAM 由扩充指令进行设置。横坐标将 128 点分为 16 点一列，共 8 列，纵坐标将 64 点分为 64 行，写入数据时，先写入垂直地址，再写入水平地址，最后连续写入两字节共 16 位数据，先高 8 位，后低 8 位。GDRAM 的坐标地址与数据排列顺序如图 6－8 所示。在编程显示图片时，先将图片调整成合适的尺寸，然后通过取模软件对图片取模，设置如图 6－9 所示，保存成点阵数组。显示时，数据以长度为 1024 大小的数组形式送入 GDRAM，数组内每个元素为一个字节，即 8 位二进制数。

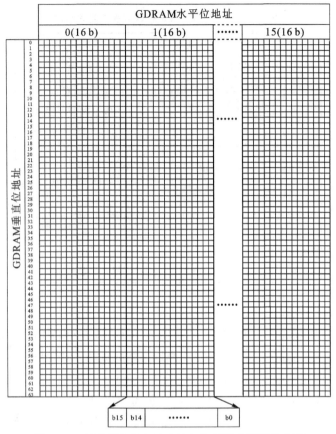

图 6-8 GDRAM 的坐标地址与数据排列顺序示意图

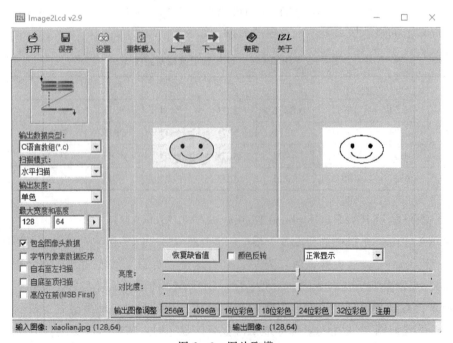

图 6-9 图片取模

3. 模拟量输入调理电路

4～20 mA 模拟量输入调理电路如图 6-10 所示，将 4～20 mA 电流信号转换并调理为与 C8051F020 单片机契合的电压信号（满量程 2.43 V），然后送入 ADC0 的 0 通道，再经过 A/D、D/A 转换，从 DAC0 端口输出。1～5 V 模拟量输入调理电路如图 6-11 所示，从 "1～5 V" 模拟接口输入的电压并非直接送入 ADC0 中，而是经过一个放大电路的 "缩小" 之后才送入 ADC0 的 1 通道进行转换，然后从 DAC0 端口输出。由于 C8051F020 单片机的参考电压为 2.43 V，所以 DAC0 的满量程输出不会超过 2.43 V。

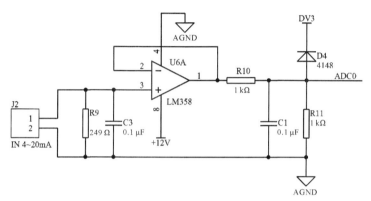

图 6-10　4～20 mA 模拟量输入调理电路

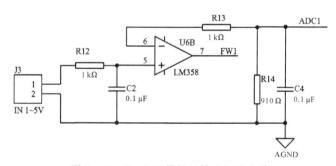

图 6-11　1～5 V 模拟量输入调理电路

4. 电压/电流转换电路

DAC0 输出电压/电流转换电路如图 6-12 所示，将 DAC0 输出的 0.5～2.43 V 电压信号调理放大，转换为 0～5 V、0～12 V 电压信号，同时转换为 4～20 mA 电流信号，外接相应规格的控制对象，组成闭环控制系统。

5. 温度检测电路

温度检测电路如图 6-13 所示，Rt 为外接的 PT1000 铂电阻，实验时可以放入水杯中，检测水的温度。

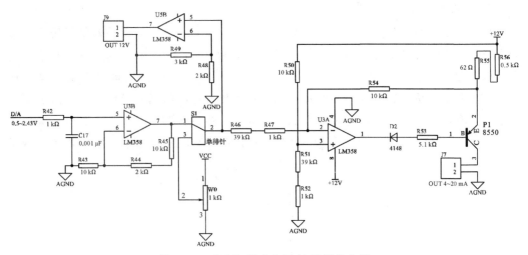

图 6-12　DAC0 输出电压/电流转换电路

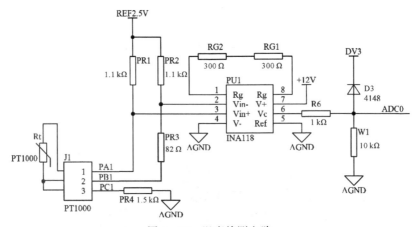

图 6-13　温度检测电路

6.2　实验训练——频率检测

1. 实验目的

（1）熟悉 C8051F020 单片机的硬件结构及特性。

（2）熟悉四位数码管、HS12864-15B 液晶的显示原理。

（3）熟悉 C8051F020 单片机定时/计数器的计数功能。

（4）掌握 Keil μVision4 编程及按键中断程序的调试方法。

2. 实验内容

了解智能控制器的硬件组成，设计并实现信号发生器送来的正弦波的频率检测，同时完成三组数码管和液晶屏显示、按键等模块的训练。

3. 实验原理

单片机应用系统中，经常要对一个连续的脉冲波进行测量。在实际应用中，对于转速、位移、速度、流量等物理量的测量，一般是由传感器将这些待测量转换成脉冲电信号，采用测量脉冲电信号频率的方法来实现。频率测量的方法常用的有测频法和测周法两种。

1）测频法

测频法是在限定时间内检测脉冲的个数。将被测频率信号加到计数器的计数输入端，让计数器在标准时间 T_1 内计数，所得的计数值为 N，标准信号的频率为 f_1，被测信号的频率为 f，计算如式（6-1）：

$$f = \frac{N}{T_1} = Nf_1 \tag{6-1}$$

例如标准信号高电平时间为 1 s，被测信号频率为 2 Hz，如图 6-14 所示。无论被测信号的频率是多少，其主要误差源是由于计数器只能进行整数计数而引起的 ±1 误差，计算如式（6-2）：

$$f - f_1 = \pm 1 \tag{6-2}$$

那么相对误差计算如式（6-3）：

$$\varepsilon = \frac{\Delta N}{N} = \frac{\pm 1}{N} = \pm \frac{1}{T_1 f} = \pm \frac{f_1}{f} \tag{6-3}$$

由式（6-3）可见，秒脉冲作为标准信号，当标准信号为高电平时，计数器开始计数；当标准信号为低电平时，计数器停止计数。在标准信号作用下，被测信号的频率越高，测量误差越小。当被测信号频率一定时，标准信号高电平的时间越长，测量误差越小。但是标准信号周期越长，测量的响应时间也越长。在标准信号相同时，测频法的相对误差与被测信号的频率成反比；对于一给定频率被测信号，选择标准信号频率越低越好。因此测频法适合于测量频率较高的信号。

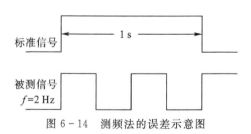

图 6-14　测频法的误差示意图

2）测周法

当被测信号频率较低时，为了保证测量精度，常采用测周法。测周法就是测试限定的脉冲个数所用的时间，即先测出周期再换算成频率。测周法是将标准信号送到计数器的计数输入端，让被测信号频率控制计数器的计数时间，所得的计数值为 N，标准信号频率为 f_1、周期为 T_1，被测信号的频率计算如式（6-4）：

$$f = \frac{f_1}{N} \tag{6-4}$$

同样测周法由于计数器只能进行整数计数而引起 ±1 的误差，相对误差计算如式（6-5）：

$$\varepsilon = \frac{\Delta N}{N} = \frac{\pm 1}{N} = \pm \frac{f}{f_1} = \pm T_1 f \qquad (6-5)$$

由式（6-5）可见，在标准信号相同时，测周法的相对误差与被测信号的频率成正比；对于一给定频率被测信号，选择标准信号频率越高越好。因此测周法适合于测量频率较低的信号。

3）频率测量的特殊处理方法

特低频信号测量时，为了达到规定的精度，要实施特殊处理方法，例如将被测信号倍频后再用测频法测量或将标准信号展宽后再测量。由于倍频电路比较复杂，所以一般采用后一种方法，两者效果相同。若标准信号高电平从 1 s 展宽到 10 s，则相对误差可以按比例下降，但响应时间也按相同比例增大。

4）非矩形波信号处理

若被测信号不是矩形脉冲，应先变换成同频率的矩形脉冲。智能控制器的波形转换电路如图 6-15 所示，把信号发生器送来的正弦波信号转换为同频率的方波信号。

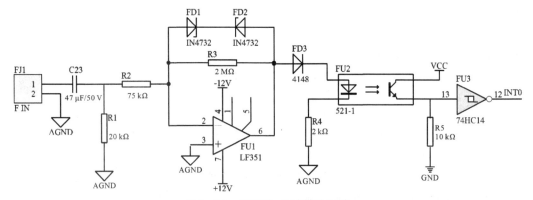

图 6-15 正弦波-方波转换电路

4. 系统硬件结构

频率检测系统结构如图 6-16 所示。利用信号发生器产生 1 Hz～2 MHz 的正弦波，利用图 6-15 信号波形转换电路，把信号发生器送来的正弦波信号变换为同频率的方波信号，由 P0.2 引脚送入单片机，经过单片机处理后送给 HS12864-15B 液晶模块显示，当检测到被测信号频率超出频率检测范围的时候，由蜂鸣器鸣响报警，按键可以用来选择、切换液晶屏上的显示内容。

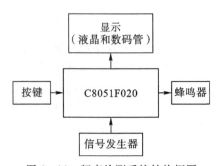

图 6-16 频率检测系统结构框图

5. 软件实现

1）初始化

对单片机的定时计数、液晶屏和数码管显示等模块进行初始化，选择片外的 11.0592 MHz 晶振。

2）定时器 T0 和计数器 T1 的应用

采用定时器 T0 为系统提供标准时间，使用定时器 T1 对外部信号脉冲进行计数。当 T0 发生中断时关闭计数器 T1，并把此时 TH1、TL1 的数据存储起来，为后续的数据处理做准备。因为当外部输入信号频率较大时，会对测量结果产生较大的误差，设计计数器 T1 和定时器 T0 的开启和关闭时，注意尽量做到启动定时器 T0 的同时就对外部信号脉冲进行计数，定时器 T0 发生中断就停止 T1 的计数，这样测得的频率较为准确。

3）数据转换

T0 发生中断时，记录 T1 的计数值，因为储存的数据为十六进制，所以需要将此数据转换成十进制，再存入事先定义好的数组，为下一步的显示做好准备。又因为 T0、T1 为 16 位定时器，需要把最大值 0xFFFF 转换成 65536，所以定义的数组应为一维，长度至少为五位，将转换后的数据按位存入数组，对数据进行转换时要区分好十进制和十六进制。

4）数据显示

对液晶显示器进行初始化后，再对数组中的数据进行按位显示，最后显示出被测信号的频率。

5）实验功能拓展

（1）占空比的测量。

占空比的测量原理是利用定时器 T0 的定时功能，对 P0.2 引脚进行定义，当检测到 P0.2 引脚有上升沿时启动定时器；检测到下降沿时，记录此时 TH1、TL1 的值，此时记录的值为高电平的时间；再次检测到上升沿时停止计数，记录此时 TH1、TL1 的值，此时记录的值为整个脉冲的周期。高电平的时间除以周期即可得出被测信号脉冲的占空比，再经过数据处理存入相应数组，送到显示模块进行显示。

（2）按键功能。

智能控制器系统有三个按键，有键按下即触发外部中断，用三个按键选择液晶显示器上不同的显示内容。例如：左键按下显示个人信息，中键按下显示被测信号的频率、占空比、波形，右键按下返回主菜单。

第7章 模拟直升机垂直升降控制系统设计与实现

7.1 模拟直升机垂直升降控制系统简介

1. 系统结构

模拟直升机垂直升降控制系统主要由 C8051F020 单片机、按键和显示等模块以及直升机垂直升降模拟对象组成，如图 7-1 所示。显示功能由液晶屏和数码管实现，液晶屏和数码管分别实现显示控制主菜单界面、当前霍尔电压的数值及变化曲线等功能，按键用于切换液晶屏显示内容、设置比例积分微分（Propotional Integral Differential, PID）参数、增加和减少霍尔电压设定值等功能。

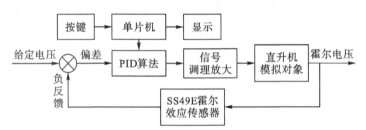

图 7-1 模拟直升机垂直升降控制系统框图

2. 直升机垂直升降模拟对象

1）原理图

直升机垂直升降模拟对象系统原理图如图 7-2 所示，实物如图 7-3 所示，端口说明如表 7-1 所示。

2）SS49E 线性霍尔效应传感器

（1）特性。

SS49E 线性霍尔效应传感器具有体积小、用途广泛等特点。SS49E 可由永磁体或电磁铁进行操作，电源电压控制线性输出，根据磁场强度的不同输出成线性变化。SS49E 内部集成了低噪声输出电路，省去了外部滤波器的使用。器件包含了薄膜电阻，增加了温度的稳定性和精度。SS49E 的工作电压为 4.5~6 V。

（2）引脚。

SS49E 线性霍尔效应传感器引脚说明如表 7-2 所示。

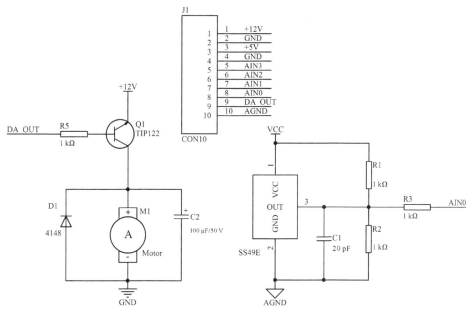

图 7-2　直升机垂直升降模拟对象系统原理图

图 7-3　直升机垂直升降模拟对象实物图

表 7-1　直升机垂直升降模拟对象接口说明

端口号	端口名称	功能
1	+12 V	+12 V 电源
2	GND	数字地
3	+5 V	+5 V 电源
4	GND	数字地
5	AIN3	空接
6	AIN2	空接
7	AIN1	空接
8	AIN0	霍尔效应传感器电路输出信号检测端子
9	DA OUT	模拟量控制信号端子
10	AGND	模拟地

表 7 - 2　SS49E 线性霍尔效应传感器引脚说明

引脚	引脚名称	功能
1	VCC	接电源
2	GND	接地
3	OUT	开漏输出

（3）极限参数。

SS49E 线性霍尔效应传感器极限参数如表 7 - 3 所示。

表 7 - 3　SS49E 线性霍尔效应传感器极限参数

参数	符号	数值	单位
电源电压（工作状态）	VCC	8.0	V
输出电流	Iout	20	mA
工作温度范围	TA	$-40\sim150$	℃
储存温度	TS	$-65\sim150$	℃

7.2　定时器的设置与启动

1. 定时器功能

C8051F020 微控制器一共提供了 5 个定时器，在实际应用时可以调用全部的定时器。例如，在模拟直升机垂直升降控制系统中，定时器 T0 用来控制 24 s 倒计时器的计数周期（可以更改功能），定时器 T1 用来控制数码管的刷新频率，定时器 T2 用来控制 DAC0 的输出频率，定时器 T3 用来控制 ADC0 的采样频率，定时器 T4 用来控制液晶显示屏的刷新频率。如果不需要这么多定时器，可以选择性开启。以将定时器 T0 设置为方式 1 的过程为例，介绍定时器的设置，其余定时器的功能和设置方式略有不同，但大体相似。

2. 定时器初始化

使用一个定时器时，首先进行初始化，其中包括为定时器写入初值，设置定时器的工作方式，允许定时器触发中断。如果需要立刻开始计时，还需要设置对应寄存器控制位 TR 为 1。不同定时器根据其使用环境初始化略有不同，例如用定时器 T3 来控制 ADC0 开启转换，就不需要在其溢出时执行特定指令，则初始化的时候就不能允许定时器触发中断，反而要关闭中断。定时器 T0 初始化程序代码如下：

```
void Timer0 _ Init _ Timer ()
{
```

```
    THO = TIMERO _ RELOAD _ HIGH;      //重新装载定时器 TO 高位寄存器的值
    TLO = TIMERO _ RELOAD _ LOW;      //重新装载定时器 TO 低位寄存器的值
    Timer0 _ Set _ Method1;    //将定时器 TO 设置为方式 1
    Enable _ Timer0;    //开启定时器 TO 使能
}
```

3. 定时器中断

定时器都是用来进行时序的控制（定时器 T3 除外），如果希望在特定时刻去执行相应的代码，在定时器溢出触发中断时，将希望执行的操作写入中断处理程序。如果希望在程序运行过程中，周期性循环执行某种操作，则在中断处理程序中可以反复为定时器写入初值，定时器初值是根据循环周期进行计算的。例如定时器 T0 的中断处理程序代码如下：

```
void Timer0 _ ISR (void) interrupt 1
{
    THO = TIMERO _ RELOAD _ HIGH;
    TLO = TIMERO _ RELOAD _ LOW;
    timer0 _ value - - ;
    if (timer0 _ value< = 0)
    {
        timer0 _ value = 2400;
    }
}
```

上述程序的功能是希望在定时器溢出的时候，令 timer0 _ value 不断减 1，并且以 2400 作为一个周期，如果定时器 T0 的溢出周期为 0.01 s，则上述代码实现了一个 24 s 倒计时器，并且在倒计时结束之后 timer0 _ value 可以自动返回 2400 的初值。

4. 定时器初值设置

定时器初值设置时，需要了解系统时钟的设置。例如智能控制器的外部晶振频率选为 11.0592 MHz，时钟的初始化代码如下：

```
void SYSCLK _ Init (void)
{
    int i;    //定义延时计数变量
    OSCXCN = 0x67;    //使用外部晶振
    for (i = 0; i<256; i + +);    //等待 1 ms
```

```
    while (! (OSCXCN&0x80));    //等待外部振荡器稳定
    OSCICN = 0x88;    //切换到外部晶振
}
```

了解了系统的时钟频率之后，将定时器设置为由系统时钟控制或者由系统时钟的 12 分频控制，就可以精确地进行时钟控制。如在使用 24 s 倒计时功能时，希望每 0.01 s 进行一次自减，如果计数器设置为系统时钟的 12 分频，则 11059200/12/1000 表示每毫秒计数器会计数多少次，需要 0.01 s 为一个周期，则将该值乘以 10，就得到了希望计数器计数的次数。如果期望计数器溢出之前计数多少次，由于定时器 T0 被设置成存储 16 位数据，所以当数据寄存器的值为 0xFFFF 的时候，寄存器会溢出触发中断，则计数器的初值应该被设置为 0xFFFF 减计数次数，利用计算机补码存数的原则，将负的计数次数所对应的二进制码分别写入初值寄存器的高位和低位，即可实现固定周期的中断触发。

7.3 D/A 转换和 A/D 转换

1. D/A 转换

D/A 转换的输出方式有很多，如果选择了通过定时器 T2 溢出来更新 D/A 转换的输出，由于 C8051F02 单片机的 DAC0 为 12 位精度的数模转换器，当用 16 位来存储时，就产生了不同的数据对齐方式。设置 DAC0 时，首先设置 DAC0 的更新方式和对齐模式，随后为 DAC0 选择参考电压（一般为内部参考电压），最后将数据寄存器清零就完成了初始化。DAC0 的输出控制，在定时器 T2 中断溢出时，把需要输出的电压所对应的值送给高、低位数据寄存器即可。

2. A/D 转换

C8051F020 的 ADC0 是 12 位精度的模数转换器，和 DAC0 一样，也需要一个定时器来控制时序。不同的是 ADC0 不是靠定时器溢出的中断来开始转换，而是在定时器溢出的时候不触发中断，在转换结束的时候触发自己的中断来让微处理器读取数据。于是定时器 T3 的初始化与其他定时器的初始化略有不同，由于不需要定时器溢出中断，在初始化时，应关闭定时器中断并立刻开始计时。

1) ADC0 初始化

ADC0 的初始化设置相比 DAC0 复杂了一些。除了设置采用定时器 T3 溢出启动、数据对齐格式和参考电压之外，还需要设置 ADC0 的采样通道、再次逼近寄存器（Successive Approximation Register，SAR）时钟频率、增益，以及使能 ADC0 转换结束的中断请求。这些参数可以根据需要自行修改，以下为 ADC0 一种工作状态的设置代码：

```
void ADC0 _ Init (void)
```

```
{
    ADC0 _ Ctr _ Set;      //ADC0 控制设置，定时器 T3 溢出启动追踪，持续 3 个 SAR
                           //时钟，然后进行 A/D 转换，数据右对齐
    REF _ Ctr _ Set;       //关闭温度传感器，设定芯片上的 VREF
    ADC0 _ Channel _ 1;    //ADC0 使用 AIN1 通道
    ADC0 _ Clk _ Set;      //设置 ADC0 SAR 时钟频率为 2 MHz
    ADC0 _ Gain;           //ADC0 增益设置，设定 ADC0 增益为 1
    Enable _ ADC0;         //设定 EIE2 标志位 1，允许 ADC0 转换结束产生的中断请求
}
```

从 ADC0 中读取转换的结果时，在中断处理程序中，首先需要将中断触发设置为手动清零，随后利用缓冲的思想，将 ADC0 的各个通道数值读入缓存（Buffer）中，不断变换通道，就可以从不同通道读取数值，这样可以避免时序对程序的影响。ADC0 的采样频率如果大于程序采样的频率，则缓存会被不断覆盖，这样可以保证用到的数据都是最新的采样值，虽然浪费了 ADC0 的能力，但是不会导致程序出现问题。然而，当 ADC0 的采样频率低于系统利用采样值的频率时，就需要系统进行等待，以防止同一采样值被重复读取，可以采用下述方法：如果缓存经过了读取，则为缓存赋一个不可能采到的值（如 0xffff），只要判断读取的值出现了异常，主程序就进行等待，直到获得正常的数值。

2）ADC0 数据处理

对 ADC0 获取的数据进行处理时，需要将 12 位二进制数据转化为十进制数据。同时，由于物理环境的影响，ADC0 读取的数值并不会那么准确，甚至连线性都不能保证。计算时需要对 ADC0 的采样值进行修正，修正的办法就是假设 ADC0 是线性的，ADC0 的输入端分别接入的是 1 V、5 V 电压，获取 ADC0 对应的数值并做归一化处理，ADC0 就可以较为准确地读取输入电压了。例如在模拟直升机垂直升降控制系统中，需要根据外部放大电路，对 ADC0 的输入电压进行适当缩小，并转化为 12 位二进制数送给 ADC0 的数据寄存器。修正参数代码如下：

```
unsigned long int ADC _ Correct (unsigned int v _ adc)
{
    unsigned long int v _ adc _ dec;
    v _ adc _ dec = v _ adc;
    v _ adc _ dec = v _ adc _ dec * 2430/4096 * 1910/910;    //2430 为参考电压，
                                                            //4096 为满量程电压，
                                                            //1910 为 1000 Ω、
                                                            //910 Ω 电阻之和
```

v _ adc _ dec = （v _ adc _ dec－303） ＊5000/4686；　　//根据物理环境修正

return v _ adc _ dec；

}

7.4　模拟直升机垂直升降控制系统控制算法

1. 位置式 PID 控制算法

位置式 PID 控制算法的计算见式（7－1）：

$$u(k) = K_P \left\{ e(k) + \frac{T}{T_I} \sum_{i=0}^{k} e(i) + \frac{T_D}{T} [e(k) - e(k-1)] \right\} \qquad (7-1)$$

式中，$u(k)$ 为第 k 次采样时刻 PID 控制输出值；$e(k)$ 为第 k 次采样时刻输入偏差值，$e(k-1)$ 为第 $k-1$ 次采样时刻输入偏差值，$\sum_{i=0}^{k} e(i)$ 代表 $e(k)$ 以及之前偏差的累积和；K_P 为比例系数；T_I 为积分时间；T_D 为微分时间；T 为采样周期。

式（7－1）给出的是全部控制量的大小，由于是全量输出，所以每次输出均与过去状态有关，计算式要对所有偏差进行累加，工作量大。输出 $u(k)$ 对应的是执行机构的实际位置，如果计算机故障，输出将大幅变化，会引起执行机构的大幅变化，有可能造成严重事故，所以实际使用时要确保计算顺利完成，实际应用时要慎重。

2. 增量式 PID 控制算法

增量式 PID 控制算法应用比较广泛。增量式 PID 控制算法的计算见式（7－2）：

$$\Delta u(k) = u(k) - u(k-1)$$

$$= K_P \left\{ [e(k) - e(k-1)] + \frac{T}{T_I} e(k) + \frac{T_D}{T} [e(k) - 2e(k-1) + e(k-2)] \right\}$$

$$= K_P \left(1 + \frac{T}{T_I} + \frac{T_D}{T}\right) e(k) - K_P \left(1 + \frac{2T_D}{T}\right) e(k-1) + K_P \frac{T_D}{T} e(k-2) \qquad (7-2)$$

式中，$\Delta u(k)$ 为经 PID 计算后输出的控制量增量，控制量增量的确定仅与最近的几次误差采样值有关，计算误差对控制量增量的计算影响较小，如果计算机故障，也不会造成严重事故。

3. PID 参数选择

1）PID 参数对系统性能的影响

（1）比例系数加大，系统的动作灵敏，调节速度加快。但 K_P 太大时，系统有较大的超调并产生振荡，系统会趋于不稳定。K_P 太小，超调减小，但会使系统的动作缓慢，调节时间变长。

（2）积分作用使系统的稳定性下降。减小 T_I（积分作用增强）会使系统稳定性降低、振荡加剧、调节过程加快、振荡频率升高，但能消除稳态误差，提高系统的控制精度。

（3）微分作用可以改善动态特性，提高控制系统稳定性。但 T_D 偏大时，系统反而变得不稳定了，所以引入微分，T_D 选择要适当。

2）PID 参数的整定

需要综合考虑、反复调整，经过多次试凑调试，才能获得 PID 控制器的最佳整定参数。首先可以采用 PI 控制器，为了保证系统的安全，在调试开始时比例系数不要太大，积分时间不要太小，以避免出现系统不稳定或超调量过大的异常情况。给出一个阶跃信号，根据被控量的输出波形可以获得系统性能的信息（例如超调量和调节时间），如果阶跃响应的超调量太大，经过多次振荡才能稳定或者根本不稳定，应减小比例系数、增大积分时间；如果阶跃响应没有超调量，但是被控量上升过于缓慢，过渡过程时间太长，应按相反的方向调整参数。如果消除误差的速度较慢，可以适当减小积分时间，增强积分作用，但应采取措施防止积分饱和。反复调节比例系数和积分时间，如果超调量仍然较大，可以加入微分控制。具体方法如下：

（1）确定比例系数 K_P。

先令积分和微分参数为零，使 PID 控制器为纯比例调节，然后把 K_P 从 0 逐渐增大，直到系统振荡，这时就需要减小 K_P 至振荡消失，记录此时的 K_P，初步确定 K_P 为当前值的 $60\%\sim70\%$。

（2）确定积分时间 T_I。

K_P 确定后，先设定一个较大的 T_I 初值，然后逐渐减小，直至系统出现振荡，再逐渐增大 T_I，直至系统振荡消失，记录此时的 T_I，初步设定 T_I 为当前值的 $150\%\sim160\%$。

（3）确定微分时间 T_D。

一般设定 T_D 为 0。如果超调量仍然较大，需要加入微分环节改善系统运行状态，T_D 从 0 缓慢加大，取不振荡时 T_D 值的 30%。

总之，PID 参数的调试是一个综合的、各参数互相影响的过程，实际调试过程中需要多次尝试，反复调节控制器的比例、积分和微分部分的参数，才能获得满意的效果。

4. 模拟直升机垂直升降控制系统的控制过程

模拟直升机垂直升降控制系统在控制过程中，对于 ADC0 的输入，可以先用软件进行滤波以消除噪声，然后将滤波的结果送入 PID 控制器，计算 DAC0 需要的输出值，通过闭环反馈，实现对直升机模拟对象姿态的控制。选择位置式或增量式 PID 算法，经过多次试凑，确定一组最佳的 PID 参数，达到对直升机模拟对象满意的控制效果。

7.5　液晶屏显示霍尔电压变化曲线的实现

1. 液晶屏显示程序功能

通过代码控制液晶显示屏（Liquid Crystal Display Panel，LCD Panel）进行显示，需要实现以下功能：

(1) 程序可以按照液晶显示模块的时序要求发送 1 B 的内容；

(2) 程序期望可以按照液晶显示模块的时序接收 1 B 内容；

(3) 程序期望可以进行忙等；

(4) 程序可以向液晶显示模块写入对应的指令；

(5) 程序可以向液晶显示模块写入对应的数据。

需要注意的是功能（2）和（3）只是形式上给出了代码，因为串口通信液晶显示模块的 E、RW、RS 引脚在系统端口初始化设置时，由交叉开关设置为推挽输出模式，无法从液晶显示模块中读取数据，将导致两个问题。其一是 LCD 屏忙等无法进行检测，因为无法读取数据，所以无法从高位读取是否为 1 来判断 LCD 屏是否为忙的状态。但是经过实验测试，LCD 屏工作中出现冲突的概率比较小。因此，即使 LCD 屏不具有忙等的功能，对于正常功能的实现影响不大。其二是在液晶显示模块画点函数的算法中，由于 GDRAM 只能按照地址同时写入 2 字节数据，所以每一次写入是以字节为单位的。换言之，每一次会同时写入 2×8 个像素点，但是我们希望可以实现在 LCD 屏上精确绘制一个像素点，这就需要先读取 LCD 屏此时的状态，仅仅修改其中一位，再将修改之后的数据写入对应的位置。但如果不能从液晶显示模块中读取数据，这想法显然是无法实现的。这里引入"虚拟屏幕"的思想。

2. 虚拟屏幕

如何解决无法读取数据的问题？由计算机中缓存队列的启发，产生了"虚拟屏幕"的设想并进行探索。具体是用软件编程模拟出一个虚拟的屏幕，所有的数据改变操作都发生在该虚拟屏上，而虚拟屏幕上的数据会在特定时间刷新到真正的 LCD 屏幕上，也可以将此思想命名为"双缓冲"。可以对虚拟屏幕进行读写操作，而虚拟屏幕与真实屏幕一一对应。

实验用到的液晶显示模块具有 DDRAM 和图形动态 RAM（Graphic Dynamic RAM，GDRAM），这两个 RAM 是独立的，如果处理不当可能会出现互相覆盖的情况。为了在应用时逻辑更清晰，可以设计一个 LCD _ SetMode 函数，目的是为了实现只写入 DDRAM 或 GDRAM 或两者同时写入，并在写入一个 RAM 的同时，将另一个 RAM 内容清除。

读写虚拟液晶屏幕时，首先对 LCD 屏进行初始化，包括设置多点控制单元（Multipoint Control Unit，MCU）的种类，设置光标，清除真正的显示屏 DDRAM，清除虚拟屏幕的 DDRAM 和 GDRAM。同时，由于 LCD 屏不存在忙等，注意指令与指令之间需要适当延时以符合时序。因为虚拟屏幕是在程序中构建的，所以对虚拟 DDRAM 和 GDRAM 的清除是没有对应指令的。在代码中，虚拟 DDRAM 被构建为 4×16 的 uchar 数组，虚拟的 GDRAM 被构建为 64×16 的 uchar 数组。清屏时，只需要对 DDRAM 写入空格对应的 ASCⅡ码 0x20，而对于 GDRAM 则需要写入 0x00。同样，在写入真实数据的时候，对于 DDRAM 只需要按照规定的格式写入对应的中文（2 个字节）或者单字节的英文字符的 ASCⅡ码；对于 GDRAM 只需令需要画点的地方为 1，其余地方为 0 即可。

3. 画点函数

如何将虚拟屏幕中的内容刷新到真实的屏幕上？例如用定时器 T4 来定时进行刷新，下文以 GDRAM 的刷新为例，DDRAM 只是刷新频率和周期不同而已。刷新屏幕的代码如下：

```
void LCD _ DrawGCRAM (unsigned int val)
{
  unsigned int row, col, rowy, colx;
  bit should _ update = 0;
  row = 0x3F&val;
  col 0x07&val>>6;
  if (LCD _ GCRAM _ FRONT [row] [2 * col] ^LCD _ GCRAM _ BACK [row] [2 * col])
  {
    LCD _ GCRAM _ FRONT [row] [2 * col] = LCD _ GCRAM _ BACK [row] [2 * col];
    should _ update = 1;
  }
  if (LCD _ GCRAM _ FRONT [row] [2 * col + 1] ^LCD _ GCRAM _ BACK [row] [2 *
col + 1])
  {
    LCD _ GCRAM _ FRONT [row] [2 * col + 1] = LCD _ GCRAM _ BACK [row] [2 * col
+ 1];
    should _ update = 1;
  }
  if (should _ update)
  {
    rowy = 0x1F&row;
    colx = 0x08 * (row>>5) + col;
    LCD _ WriteCmd (0x34);   //8b MCU, 扩充指令
    LCD _ WriteCmd (0x80 + rowy);   //设定 GDRAM 垂直地址
    LCD _ WriteCmd (0x80 + colx);   //设定 GDRAM 水平地址
    LCD _ WriteCmd (0x30);   //8b MCU, 基本指令
    LCD _ WriteData (LCD _ GCRAM _ FRONT [row] [2 * col]);
    LCD _ WriteData (LCD _ GCRAM _ FRONT [row] [2 * col + 1]);
    LCD _ WriteCmd (0x32);
    LCD _ WriteCmd (0x36);
  }
}
```

从以上程序可见，画点函数接收一个 val 变量，这个变量会随着定时器 T4 的溢出自加 1，将 val 和 0x3F 相与可以得到一个 0～63 之间的数，将 val 左移 6 位后和 0x07 相与可以得到一个 0～7 之间的数，这样 val 不断自加，就可以得到一个根据行列坐标以 64×7 为周期的二元数组，这个数组即每次写入的坐标。行列坐标都是以 0x80 起始，可以根据行列坐标计算出对应的垂直地址和水平地址，并且连续写入两个前景中的字节，这样经过一个周期，整个屏幕都会被刷新。而此时前景中字节的值是通过前边的 if 函数进行判断后得到的，if 函数对前景及其对应的背景值进行比较，如果两者不同，则将背景内容写入前景并将 should_update 置 1，表示后续执行写入操作；如果两者相同，则真正的屏幕不需要更新，不执行写入操作，保持不变。

液晶屏显示流程：初始化→设置显示模式→修改虚拟屏幕的值→定时刷新→修改前景的值并写入真正的屏幕。

4. 液晶屏显示霍尔电压变化曲线

有了画点函数的功能之后，整个屏幕被设计为一个（0，0）到（127，63）的坐标系。只需要给出对应的坐标，就可以在该位置画点，所以坐标轴的绘制就是保持一个方向上坐标不变，而另一个方向从起点画到终点即可。

对于霍尔电压曲线，其横轴坐标就是一个个采样点的序号，纵轴坐标就是根据坐标轴设计的分度值进行划分并取整的结果。那么如何实现动态的效果？利用数据结构中队列的特殊形式即循环队列，循环队列将旧的采样数据从队头出队，新的数据从队尾入队，只需在 LCD 屏幕上不断地绘制该队列所对应的曲线即可实现变化曲线。

7.6　实验训练

1. 实验目的

（1）熟悉 C8051F020 单片机的硬件结构及特性。

（2）熟悉四位数码管、HS12864 - 15B 液晶模块的显示原理。

（3）掌握 Keil μVision4 编程及按键中断程序的调试方法。

（4）掌握 PID 控制算法在模拟直升机垂直升降系统中的应用。

2. 实验内容

了解智能控制器的硬件组成，设计并实现对直升机垂直升降模拟对象的自动控制，同时完成三组数码管和液晶显示、按键、A/D 转换、D/A 转换等模块的训练。

3. 实验步骤

（1）将智能控制器和直升机垂直升降模拟对象正确连接并仔细检查，确认无误后再上电。

（2）利用万用表对直升机垂直升降模拟对象的极限状态进行测量，得到系统中霍尔效应传感器输出电压的范围。

（3）查阅资料，确定直升机垂直升降模拟对象选用增量式 PID 算法还是位置式

PID算法。选定 PID 算法后，经过实验多次试凑，整定出一组合适的 PID 参数。

（4）设置合适的采样频率，将物理通道获得的霍尔电压（测量值）输入 PID 环节（软件实现），然后输出控制量，经过反复测试确定一个稳定的控制范围。设置霍尔电压的设定值，将测量值与设定值进行比较，然后进行控制调节，直到测量值与设定值相同，直升机垂直升降模拟对象保持平稳。

第 8 章 基于 AD590 的温度控制系统设计与实现

温度是工业生产和日常生活中常见的参数，温度的检测和控制应用广泛，例如冶金、机械、食品、航空、家电等领域中广泛使用的加热炉、热处理炉、反应炉、热水器等。温度控制是自动化和检测领域中不可回避的研究课题，温度控制系统是高校自动化专业学生需要研究的典型控制系统，温度采集与控制系统设计对学生而言是经典的、涵盖知识面广的项目。温度控制系统是单片机系统应用、检测及控制算法实现的综合应用。实际应用中，温度控制系统普遍存在精度高的价格昂贵、体积大的不便于携带等问题，经过多年实践积累，主编自制了温度控制系统实验平台。实验平台智能、体积小、价格低、精度适中，弥补了过往实验中缺乏控制对象的不足，用于电子线路设计训练专题实验的实践训练，帮助学生通过实验现象，加深对单片机系统结构和 PID 控制算法的了解，同时体验温度的变化和控制，利于学生将所学的理论知识融会贯通。实验平台由智能控制器和温度对象两部分组成，两部分可以连接在一起使用，也可以分别用于其他控制系统。该实验平台可以应用于高校电子线路设计、单片机与嵌入式系统设计、过程控制等相关实践类课程。

8.1 温度控制系统

1. 系统结构

自制的温度控制系统实验平台由智能控制器和温度对象两个独立的部分组成，两者用导线连接，组成闭环控制系统。选取 C8051F020 单片机作为系统的核心模块，实现对温度的采样、显示和自动控制。温度控制系统框图如图 8-1 所示。温度对象原理框图如图 8-2 所示。

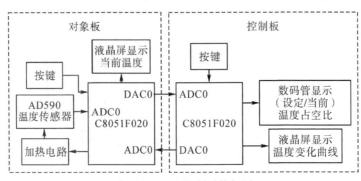

图 8-1 温度控制系统框图

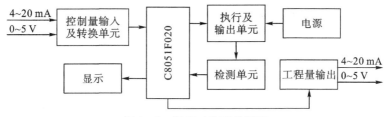

图 8 - 2　温度对象原理框图

2. 工作原理

实验平台中 AD590 温度传感器和 C8051F020 单片机自带的 A/D 转换模块 ADC0 负责采集热电阻上的温度信号，数据经过转换后，从 DAC0 输出，发送给液晶屏显示热电阻当前的温度，同时把处理后的工程量传送到智能控制器，与设定温度比较后，利用 PID 控制算法进行计算，运算后的控制量传送到温度对象。其单片机内部产生脉冲宽度调制（Pulse Width Modulation，PWM）的匹配寄存器接收到这一数据后，就会根据该值来自动改变脉冲的占空比，以此来控制加热电路，调控热电阻的加热效率，热电阻上的热能经铜片传导给温度传感器 AD590，形成一个闭环控制系统。经实验测试，系统能快速地达到 0～100℃内的某一设定温度，实现定点恒温控制。

8.2　温度控制系统硬件设计

1. 单片机

C8051F020 单片机是一个完整的数据采集与控制系统，内部存储空间大，运算速度快，自带两个逐次逼近型模/数转换器（12 位的 ADC0 和 8 位的 ADC1）、两个 12 位数/模转换器（DAC0 和 DAC1）、5 个捕捉/比较模块的可编程 16 位计数器/定时器阵列（PCA），每个 PCA 模块都可以工作在 16 位 PWM 方式下。单片机自带的这些模块大大提高了其控制效率，简化了外围电路，所以本系统在构建时选取 C8051F020 单片机作为温度控制系统的核心部件。

2. 温度传感器

温度控制系统选用的温度传感器 AD590 是恒流源模拟集成温度传感器，具有测温误差小、动态阻抗高、响应速度快、传输距离远、低功耗等特点，测温范围为 -55～+150 ℃，非线性误差为 ±0.3 ℃。AD590 温度传感器实际应用简单方便，测量温度时把整个器件放到需要测量温度的地方即可。流过器件的电流与器件所处环境的热力学温度成正比，温度每升高 1 K（K 为开尔文），流过器件的电流增加 1 μA，摄氏温度与热力学温度之间的对应关系，见式（8 - 1）：

$$T（℃）= T（K）- 273.15 \qquad (8-1)$$

3. 温度检测与调理电路

如图 8 - 3 所示，0～100℃的温度信号由温度传感器 AD590 转换成 273.15～

373.15 μA 的电流信号，然后经过 10 kΩ 电阻转换成 273.15～373.15 mV 的电压信号，经过调零、放大等调理电路处理后送入 C8051F020 单片机，再经过 A/D、D/A 等模块的处理，最终将信号转换成 0.5～2.43 V 的电压信号从 DAC0 输出，送到电压/电流转换电路。

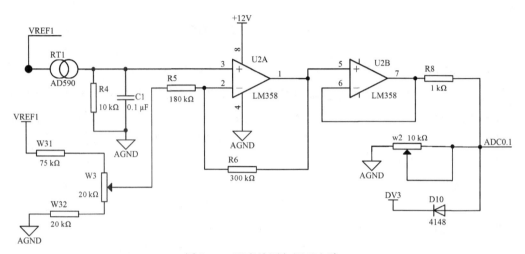

图 8-3　温度检测与调理电路

4. 电压/电流转换电路

温度对象的电压/电流转换电路，如图 8-4 所示。把采样数据经 A/D、D/A 转换后的 0.5～2.43 V 电压信号从 DAC0 输出，然后经调零、放大、整定转换为 0～5 V 的电压信号，再转换成 4～20 mA 的标准电流信号，送到智能控制器的 ADC0 端口，完成了信号的变送功能。

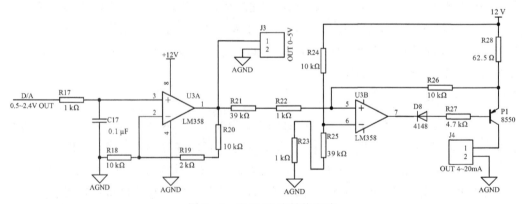

图 8-4　电压/电流转换电路

5. 基准电压源电路

基准电压源电路如图 8-5 所示。电路中选用稳压器 LM431，其内部基准电压 2.5 V 保持恒定不变，输出电压 VREF1 由式（8-2）计算，V_1、V_2 由电位器 W6 调整确定。VREF1 作为温度传感器 AD590 的输入电压，确保了其恒流源特性。

$$\text{VREF1} = 2.5 \ (1 + \frac{V_1}{V_2}) \tag{8-2}$$

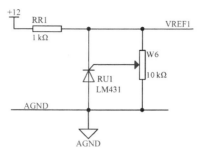

图 8-5　基准电压源电路

6. 加热电路

加热电路如图 8-6 所示。智能控制器进行 PID 算法运算后产生的控制量送到温度对象，进行匹配产生合适的脉冲波送给加热电路，经过光耦、稳压、滤波等处理，最后经三极管 5551 射极跟随，实现电压可控，即电阻 RP5 功率可控，RP5 上的热能经包裹其上的铜片传导给温度传感器 AD590，最终实现温度可控。

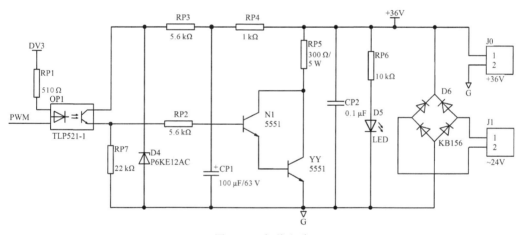

图 8-6　加热电路

7. 按键与显示电路

温度对象系统的按键电路与智能控制器按键电路类似，不同的是中断信号 INT1 接在 P0.7 引脚上，应用时需由交叉开关进行端口设置。按键由外部中断信号触发，低电平有效。控制器中的按键可以设置 PID 参数、温度设定值，选择切换液晶屏上不同的显示内容；温度对象中的按键可以选择液晶屏上不同的显示内容。温度控制系统设计时，温度对象中的 HS12864-15B 液晶模块显示热电阻的当前温度、PWM 波占空比和个性化信息；智能控制器中的 HS12864-15B 液晶模块主要显示 PID 参数设置及设定温度确定后的当前温度变化曲线。控制器的三组数码管分别显示设定温度、测量温度和 PWM 波占空比。

8.3　温度控制系统软件设计

1. 软件设计

根据系统实现的功能、电路结构及接口进行软件设计，包含主程序和若干子程序。系统实现 0~100 ℃温度控制，控制过程如图 8-7 所示。

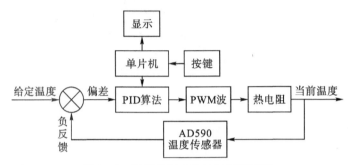

图 8-7　温度控制系统控制原理框图

系统实现的功能如下：

（1）通过按键设置 PID 参数和温度设定值，并由智能控制器中的 HS12864-15B 液晶模块显示，显示温度的最小分度为 1 ℃，参数确定后液晶模块显示当前温度的变化曲线。

（2）通过 AD590 温度传感器测量热电阻温度，并在温度对象中的 HS12864-15B 液晶模块上显示，显示温度的最小分度为 1 ℃。

（3）系统具有在设定的下限至上限温度全量程内的加热功能，考虑易操作性和学生安全，测试温度范围选为当前的室内温度至 60 ℃。

（4）使用增量式 PID 控制算法和 PWM 方式调控温度。

2. PWM 控制方式

在温度对象板中，输出的 PWM 控制信号接在 P0.2 引脚上，C8051F020 具有的数字功能可编程计数器/定时器 PCA0 产生对应占空比的 PWM 波，送给加热电路，用于控制热电阻的发热功率，从而控制热电阻温度。

C8051F020 单片机的 PCA0 模块可以工作于 16 位 PWM 方式下，将 PCA0CPMn 寄存器中的 ECOMn、PWMn 和 PWM16n 置位 1，即使能 16 位 PWM 方式。在该方式下，16 位捕捉/比较模块定义 PWM 信号低电平时间的 PCA0 时钟数，如图 8-8 所示。当 PCA0 计数器与捕捉/比较模块的值匹配时，CEXn 的输出被置为高电平；当计数器溢出时，CEXn 的输出被置为低电平，PCA0 溢出标志 CF 置 1，进入中断服务程序，该位不能通过硬件自动清零，需要用软件进行清零。为了输出一个占空比可变的波，新值的写入应与 PCA0 的 ECCFn 匹配中断同步。16 位 PWM 方式产生的信号的占空比计算见式（8-3）。

$$占空比 = \frac{65536 - PCA0CPn}{65536} \qquad (8-3)$$

由式（8-3）可以看出，最大占空比为 100%（PCA0CPn＝0），最小占空比为 0.0015%（PCA0CPn＝0xFFFF），可以通过设 ECOMn 位为 0，产生 0% 的占空比。

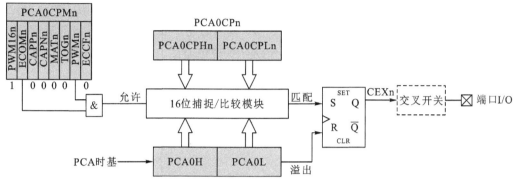

图 8-8　PCA 的 16 位 PWM 方式原理框图

3. 温度对象系统端口设置

温度对象系统中 PWM 信号接在单片机的 P0.2 引脚，按键中断信号接在单片机的 P0.7 引脚，液晶模块的 E、RW、RS 端口分别接在单片机的 P1.3、P1.4、P1.5 引脚。这些端口在应用前由交叉开关进行设置，设置代码如下：

```
void Port _ IO _ Init ()
{
    XBR0 = 0xCC;    //设置 XBR0、URART0、PCA 分别接到 P0.0 (TXD)、P0.1 (RXD)、
                    //P0.2 (PWM)
    XBR1 = 0x13;    //设置 XBR1，允许 INT1 接在 P0.7 引脚
    XBR2 = 0x40;    //设置 XBR2，打开交叉开关
    P0MDOUT = 0xff;    //设置 P0 端口为推挽输出模式
    P74OUT | = 0x01;    //将 P4 低 4 位设置为推挽输出模式
    P4 & = 0xfd;    //将 P4.1 设为 0
}
```

8.4　实验训练

1. 实验目的

（1）熟悉 C8051F020 单片机的硬件结构及特性。

（2）熟悉四位数码管、HS12864-15B 液晶模块的显示原理。

（3）掌握 Keil μVision4 编程调试方法及按键中断程序的调试方法。

（4）掌握 PID 控制算法和 PWM 方式在温度控制系统中的应用。

2. 实验内容

（1）温度对象液晶屏上显示实际测量温度（当前温度）和 PWM 占空比等信息。

（2）智能控制器液晶屏上首先显示主菜单信息：控制系统名称，PID 参数设定，温度变化曲线；其次分别进入不同的子菜单，显示设定 PID 参数，显示目标温度设定后的当前温度变化曲线。三组数码管上分别显示设定温度、控制温度和 PWM 信号占空比。

（3）智能控制器按键用于设置 PID 参数，进入当前温度变化曲线显示子菜单后，按键可以增大、减小设定温度。温度对象按键用于切换液晶屏上的显示内容。

3. 实验步骤

（1）正确连接智能控制器与温度对象。

（2）确定温度控制范围、温度设定值，编程实现对温度对象的良好控制。

（3）系统调试。设置好一组 PID 参数并设定温度值后，启动系统，采用增量式 PID 算法并结合 PWM 方式实现对温度的控制。系统设计时的可控温度范围是 $0\sim$ 100 ℃，调试时考虑到可操作性和学生的安全，设定温度范围限定为当前的室温至 60 ℃。通过实验多次尝试，整定优化 PID 参数，使系统运行状态良好。

附录　实验中常用元器件封装列表

元器件名称	AD20 中元器件名称	AD20 中元器件封装
电阻	RES	0805
		AXIAL - 0.3
		AXIAL - 0.5
稳压管	1N4732	DO - 41
	Diode7227	P6KE12AC
	LM336	TO - 92A
钽电容	3528	3.5×2.8
	6032	6.0×3.2
数码管	7LED×4	数码管 4 位/0.36 英寸/红色/共阳/30×14×7.2
	7LED×4	数码管 4 位/0.56 英寸/红色/共阳/50.3×19×8
电位器	RPot	VR5
晶振	XTAL11.0592M	RAD - 0.2
电容	Cap Pol3	C0805
	Cap	6.3 * 11
总线收发器	74HC245	SOJ - 20
反相器	74LS14	SO14
EEPROM 存储器	24C02	SO8
磁珠	Inductor	1808
光耦	Optolsolator1	DIP4
二极管	4148	D - DO214AC
驱动器	7407	SO - 14
三极管	8050（NPN）	SOT - 23
	8550（PNP）	SOT - 23
单片机	C8051F020	QFP100
单排针	Header3H	HDR1×3
	Header6H	HDR1×6H
螺钉端子	Header2×2	HDR2×2
	Header2×3	HDR2×3
	Header2×4	HDR2×4

元器件名称	AD20 中元器件名称	封装
连接器	1117	SOT - 223/P2.3
双排针	Header2×2H	HDR2×2H
	Header2×5H	HDR2×5H
精密仪表放大器	INA118	SO - 8
牛角插座	JTAG	DC3 - 10
单排座	Header20	HDR1×20
发光二极管	LED2	3.2×1.6×1.1
运算放大器	LF351	DIP - 8
	LM358	SO - 8
收发器	MAX3485	SO - 8
按键	SW - DPST	DPST - 4
蜂鸣器	Buzzer	ABSM - 1574
继电器	Relay	DIP - 10

参考文献

［1］杨栓科,赵进全.模拟电子技术基础［M］.2 版.北京:高等教育出版社,2010.

［2］陈忠平.基于 Proteus 的 51 系列单片机设计与仿真［M］.4 版.北京:电子工业出版社,2020.

［3］郭天祥.新概念 51 单片机 C 语言教程［M］.2 版.北京:电子工业出版社,2018.

［4］陈苏婷.MCS－51 单片机原理及实践:C 语言［M］.北京:清华大学出版社,2021.

［5］贡雪梅,王昆.单片机实验与实践教程［M］.西安:西北工业大学出版社,2014.

［6］刘理云.51 单片机 C 语言开发教程［M］.北京:化学工业出版社,2017.

［7］张迎新,雷文,姚静波.C8051F 系列 SOC 单片机原理及应用［M］.北京:国防工业出版社,2005.

［8］潘琢金,施国君.C8051Fxxx 高速 SOC 单片机原理及应用［M］.北京:航空航天大学出版社,2002.

［9］余以慧,方崇智.过程控制［M］.北京:清华大学出版社,1993.